在地京都人真愛50味

一個人的京都晚餐

おひとり京都の晩ごはん

Hisashi Kashiwai
柏井壽

陳幼雯——譯

第三章

想專程拜訪的店

他是京都城市美食的介紹者

——李清志　建築作家、實踐大學建築設計系副教授

每個人在自己成長的都市，都有自己的飲食喜好與味覺習慣，那些自己吃的最舒服、最開心的食物，不見得是米其林推薦的，這些食物或許才是真正屬於這座城市的東西。

柏井壽身為京都的牙科醫生，而且是土生土長的京都人，他可以說是看過了許多京都人的牙齒與舌頭，深刻了解京都人的味蕾，甚至我懷疑他像是CSI科學鑑定小組的調查員一般，可以從病人的口腔氣味與齒間殘留物，描繪出京都美味的食物。然後我的腦海中，就浮現出一個奇異的畫面，就是

京都牙醫師在為病患修牙齒，原本應該是很嚴肅認真的，但是這位牙醫師卻彷彿沉醉在美食的想像裡！

基於以上的想像與推敲，我可以斷定牙醫師柏井壽其實是一位對美食十分敏感的京都人！一位對美食敏感，又有主見與自信的京都人，是我們十分期待的城市美食介紹者，他的料理推薦與美食經驗，應該是最有京都的特色與風情。

從柏井壽這本新書《一個人的京都晚餐》，可以窺見京都人的胃袋到底裝了哪些食物？從刻板印象來看，京都人似乎就是每天穿梭在寺廟，吃著湯豆腐、懷石料理，一種雜誌上的京都印象；事實上，從京都人柏井壽的菜單來觀察，一個京都人其實什麼料理都吃，他去吃日式的割烹、串揚、燒肉、天婦羅、烏龍麵，也會去吃洋式的牛排、精緻的法式料理等等，就像京都的歷史一般，並非守舊完全依循傳統，反而常常吸收外來新事物，並且懂得欣賞不同文化的事物。

京都人應該是最懂得欣賞外來文化的城市，從早年吸收中華文化的精髓，一直到大正時代大量引入西方文化事物，讓京都在飲食上，呈現一種豐富多元的狀態。傳統的京料理，與自然節氣息息相關，但是在京都也可以在不同季節，享受豐富的洋食料理，而且有太多精緻的洋菓子可以盡情享用。

這本書標榜著「一個人的京都晚餐」，點出了單身生活的困境，雖然不婚族、單身貴族越來越多，但是傳統的餐廳對於單身客人，還是明顯有些歧視，不是安排在角落奇怪的位子，就是臉色奇怪，擺明不太歡迎的樣子。事實上，柏井壽的這本書，也造福了單身族或獨自到京都旅行的人，讓這些人在京都遊走，即使一個人也可以吃到自己喜歡的料理。

一個人的晚餐是專注的，可以真正享受挖掘出食物的味道！但就是因為如此，餐廳的空間環境更是不能馬虎，柏井壽在書中說：一個人晚餐時，最需要注意用餐的「空間環境」。我喜歡在老房子裡享受晚餐，老房子及傳統舊巷弄有一種美好的氛圍，讓吃飯不只是讓肚子飽足而已，更是體驗空間環境的美好過程。

提到京都老房子裡的餐廳，一般人只會想到在「數寄屋造」或「京町家」裡的餐廳，柏井壽特別還提到洋樓裡的餐廳也是饒富趣味！一邊享用美食，一邊欣賞洋樓之美，是十分值得的用餐經驗。他甚至還說，如果要享用燒肉料理，除了整潔舒適的店家之外，歷史悠久的建築物，更能增添燒肉的風味。

無論如何，京都是很適合一個人旅行、一個人吃晚餐的城市！帶著這本書去京都旅行，一定可以在季節漫步之餘，享受到美好的味覺饗宴，特別是由土生土長京都人柏井壽推薦的餐廳名單，應該是十分值得信賴的！

近水樓臺

——曾郁雯　珠寶詩人

第一次吃到京都湯豆腐是在豆水樓的祇園店，現在回想起來根本就是誤打誤撞，只記得當時走著走著，看到招牌就直接推門、上樓、坐下、點菜，而且只有我一個人，一個單身女子。

看完柏井壽先生《一個人的京都晚餐》，不禁為自己當年亂闖亂入的莽撞捏把冷汗，原來一個人在京都吃飯的學問這麼大。

柏井壽在書中形容：「一個人看起來是不是特別孤單？在別人眼裡，是不是很像沒家人、沒朋友的可憐蟲？是不是像在吃一頓自殺前的最後晚餐？」對於經常單身出國工作、旅行、吃飯的我而言，完全沒辦法想像自己曾經出現在這麼悲慘的畫面，原來當年在豆水樓臨座男人越過女伴，投來的並不是溫柔探詢的眼光？

那麼這本《一個人的京都晚餐》宛如救世主降臨，簡直就是獨食客的護身寶典。

作者因為工作的關係，一年有三分之一的晚餐都是一個人在外邊吃飯邊打電腦，經驗豐富的他完全不藏私，大方貢獻口袋名單，就是希望能讓越來越多人享受一個人吃飯的樂趣。

他把心愛的五十家餐廳分為五大類，第一類是可以悠閒品嚐京都味的餐廳，如「燕en」、西洋酒樓「六嶋」等；第二類是再忙也想去的店，如靠近京都車站的完美小料理屋「和・NICHI」；第三類是想專程拜訪的店，例如在作者心中排行洛北第一的割烹「和食庵SARA」，這家店的客人都是住在附近的常客，柏井壽認為能讓京都一個人晚餐成功無憾的第一祕訣，就是選擇這種在地人長年偏愛的店家。正所謂「近水樓臺先得月，向陽花木早逢春」，柏井壽也是本書讀者的常客顧問團團長；第四種「化身在地人品嚐美食」，按圖索驥，會讓人忍不住發出「哇！原來躲在這裡」的驚喜，例如很難找的「MANZARA亭 烏丸七条」，就躲在京都車站中央口北邊詭譎的小巷子裡；第五類是一個人也要奢侈一下的餐廳，作者在推薦他認為已經登峰造極的「洋食店MISHINA」時，順便介紹京都西餐的歷史，別有一番風味。

這本書還有另外一種有趣的讀法，可以讓讀者更貼近京都人的飲食生活，就是依餐廳的形態分類。

割烹（全稱為板前割烹）就是板前（廚師）站立吧檯中，在客人面前烹飪。作者認為現在的割烹幾乎都變成主廚推薦套餐的熱門名店，他更喜歡可以隨意單點，而且不必誇張到半年、甚至一年前就要訂位，只要有空位，用餐當天也接受訂位的割烹。例如「和食晴」就是可以讓客人自由選擇，吃到各式各樣佳餚，連下酒菜都不會偷工減料的割烹。

原本由割烹扮演的角色現在一部分由小料理屋接手，前面提到靠近京都車站的「和．NICHI」，就是由一對夫婦及女兒經營的小料理屋，當天有豆腐就做冷豆腐上桌，有醃漬物就切成下酒菜伺候，輕鬆自在就是小料理屋的精髓。

還有一種也能自由自在品嚐美食、美酒的地方，以前都稱為「小料理」，現在則稱為「居酒屋」。割烹、居酒屋的座位絕大多數都是吧檯座，小料理屋則是一半一半，或者以一般座位、矮桌占多數。

為什麼作者要不厭其煩地說明這些細節？答案是當你一個人在京都晚餐時，最重要的一件事就是要坐對位子，如果是吧檯就要低調的選擇邊角，除了比較自在之外，還可以從側邊欣賞廚師烹調的過程；如果是壽司店當然要坐在廚師面前；如果運氣好的話有些店會把面窗吧檯座體貼地留給獨食客。不妨想像一下坐在作者推薦的「琢磨 祇園白川店」，眼前是潺潺悠悠的白川，淺酌低吟一首吉井勇的和歌：

「祇園美景伴入眠，枕下猶有川流過。」

一個人在京都晚餐，怎麼會寂寞孤單呢？

前言

「光文社新書」系列的《極致的一個人旅行》是在二〇〇四年秋天付梓，二〇〇九年秋天又出版了《一人遊京都之樂》，下一本是二〇一四年出版的《饕客的一個人旅行》，大約每五年就會出版一本「一個人」系列的書，這次間隔沒那麼長，二〇一七年就出版了這本《一個人的京都晚餐》。

這十幾年間「一人市場」的擴大令人瞠目結舌，出版《極致的一個人旅行》的時候，獨自旅遊還相當罕見，別說是大飯店，就連小旅館也幾乎都不接受一人訂房。

在那個時代，如果你說你喜歡一個人旅行，肯定會被當作孤僻怪人或者找不到旅伴的可憐蟲。

如今卻恍如隔世，過了十幾年的現在，我在日本各地旅遊的時候，不知已經見過多少獨自上路的旅客，無論是離島、都市、海邊度假村、山上健行等地點都能見到他們的身影，特別是常看到年輕女性或熟女的一個人旅行。

然而最多一人遊的地方，毫無疑問是京都。

不知道是不是這幾年開始，在交通樞紐、名勝古蹟、花街等觀光景點，經常可以看到一個人攤開地圖、一個人拿平板電腦找路的身影了。

京都的治安好、名勝多，而且最重要的是，京都很適合一個人的旅行，所以一個人的京都遊也越來越普遍。

有幾回在居酒屋吧檯座位坐我隔壁的，碰巧也是獨自上路來到京都的人，我們討論到一個人的京都遊時特別興奮，而且每次一定會談到的話題，就是一個人的京都晚餐。

⋯⋯⋯⋯⋯⋯⋯⋯

「單人住宿、獨自觀光、一人吃午餐都不是難事，但是每次要一個人吃晚餐的時候就覺得舉步維艱。」

吐露相同心聲的，不是只有區區一、兩個人而已。

住在京都的我心中其實也有個底。每次在創作時，我都把自己關在飯店房間裡，一到該吃晚餐的時間，就會發現選擇非常有限。

有時候我也想一個人去吃割烹，想吃正宗的中式料理或法式料理。我想一個人享用燒肉，也想一個人坐在壽司店的吧檯。

雖然願望這麼多，但最終往往還是會落空。許多餐廳仍舊與以前的小旅館相同，認為收單客不划算，訂位的時候我也常常在回答「只有一個人」時，當場就碰軟釘子。

甚至於就算千辛萬苦進到店裡，卻因為形單影隻而受到不友善的服務、被驅趕到最差的位子、慘遭冷眼相待，我在好幾家店用餐都如坐針氈。

一個人在京都吃晚餐其實難度很高，我自己也有切身體會，因此一直在尋找歡迎「獨食客」的餐廳。

我在京都一年中，有將近一百天會獨自吃晚餐，我現在要拍胸脯介紹五十間值得推薦的餐廳。

這些餐廳不但味道是上上之選，有的店家還提供一個人的專用菜單，或者提供比較小份的一人份料理，這些都是歡迎一個人來吃晚餐的餐廳。

我不會受到「當今話題餐廳」或「一位難求熱門名店」的虛名所迷惑，我所推薦的餐廳都會以最合理的價格提供客人真正美味的料理，而且舒適自在，即使只有一個人也可以享用一頓美好的晚餐。

我非常歡迎規劃一人京都遊的讀者參考這些餐廳，適合獨食客的餐廳自然也適合情侶和團體，在規劃京都之旅時歡迎你們列入參考。

第一次獨自進到餐廳可能會有些緊張，不過習慣之後，你就能享受最美好的一人時光。

一個人的京都晚餐，你一定會上癮。

布告欄

本書記載的店家資訊（價格、地點、菜單等）是取材時收集的資訊，撰稿後店家的實際情況可能會改變，若實際情況與本書有所出入，敬請見諒。

第一章　悠閒品嚐京都味

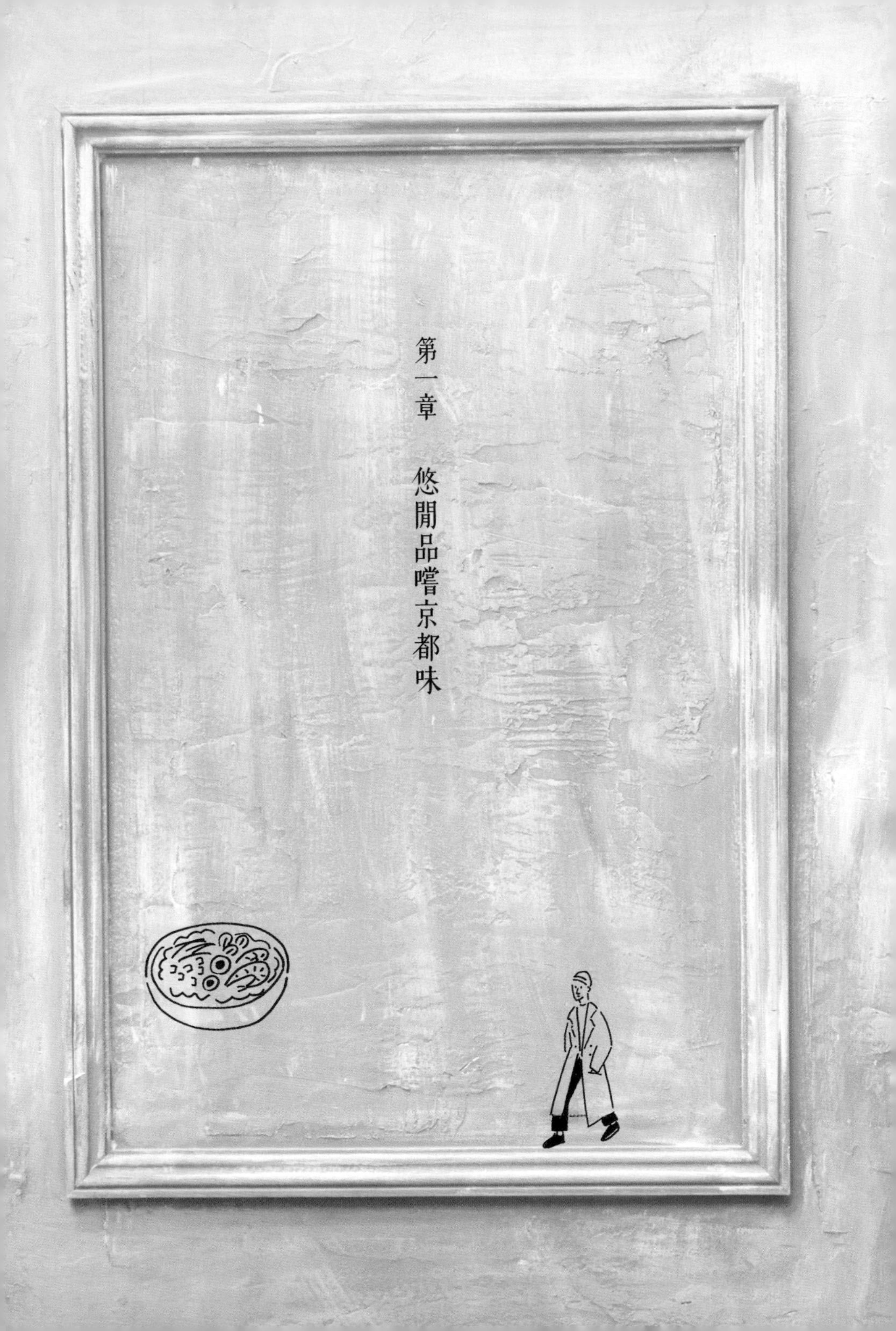

燕en——一年四季都想拜訪的割烹店

雖然副標題寫「一年四季」，但其實改成「每個月」比較恰當，因為我每個月至少都會來這家店報到兩次。近兩年在京都，每次想吃和食時，反射動作就是立刻打電話到「燕en」訂位。

燕en開業至今也不過三年[1]左右，我與這家店的相遇實屬不可思議的偶然。那一次我從京都車站走回飯店，也就是我在京都常住的「大和Roynet Hotel京都八条口店」，路上發現理應歇業的店家燈火通明。我一時好奇看了一下，發現原本的串炸店已經換成一家割烹店[2]，店員應對進退的感覺還不錯，所以我當場就訂位了。後來去用餐，發現無論是料理或服務都超乎預期，我立刻就成為忠實粉絲，到現在都還是店裡常客。

京都車站八条出口是靠近新幹線那一側的出口，出了一樓驗票口後徒步大約三分鐘就到了，燕en位於京都AVANTI百貨公司的南側，店門口很低調，不留意的話很容易過門而不入，整個店面都不太引人注目，肯定沒有人料到能在這家店裡吃到不遜於京都其他餐廳的出色割烹。

店內空間如同「鰻魚的睡鋪」一般狹長，其中一側是從狹窄店門口延伸到底的一排吧檯座，另一側有兩個二人座，大概只要十幾個人進來就會客滿，而這個內斂低調的小店，真的是京都屈指可數的美食寶庫。

不知道從什麼時候開始，京都的割烹店都只提供主廚推薦套餐，明明每個人的食量不同、味道的偏好也不同，卻都要吃相同的套餐。光是這點就已經很不可思議了，受歡迎的割烹店竟然連每道菜的上菜時間都相同。

這豈不像是在吃學校的營養午餐嗎？

先不說其他店了，回到燕en。這裡也有主廚推薦套餐，但是幾乎所有客人都喜歡隨意單點。

燕en不需要提早好幾個月訂位，不過如果規劃了京都之旅，強烈建議要先在這家店訂位，不是我誇張，燕en足以左右京都一人行的成敗。

京都現在有很多餐廳，有的名聞遐邇，有的廣受好評，不少人是為了去這些店才特別規劃京都之旅，有些人甚至在一年前就先訂好位，配合訂位時間規劃旅遊行程。

我覺得做到這個地步實在是本末倒置，不過旅遊的形式因人而異，只要自己高興，外人也沒有資格說三道四。

那麼在燕en要吃什麼呢？其實在這裡沒有非吃不可的料理，只要依自己喜好選自己想吃的就好，這才是割烹最原始的樣貌，也是在京都吃美味和食最合適的方式。

這家店會在和紙的菜單與黑板上寫上推薦的料理，我不確定他們有沒有固定的「本日推薦」或「本月推薦」，不過點餐時可以兩相參照和紙與黑板，每次選一道。

「京都這個城市雖然有河川流經，距離海洋卻非常遙遠，當季的食材都要千里迢迢運送過來。也因此，撈捕到上桌之間普遍都會有一段明顯的時間差，這是在京都滿不可思議的一種現象。」

我隔著吧檯與老闆閒話家常，思考接下來要吃什麼，抬起頭看黑板並舉杯獨飲，多麼幸福的時光。

難得的京都遊還要配合「高貴」割烹名店的訂位時間，實在是愚不可及。倒不如白天隨意散步，日落之後到燕en享用晚餐，這才是最完美的京都之旅。

自行點菜，隨意點幾道當日想吃的東西。

西洋酒樓　六崛——西餐廳的視覺饗宴

京都西餐的美味一直都為人所津津樂道，近年也許大眾終於發現了它的好，京都開始掀起一波西餐廳熱潮，除了老顧客之外，也有許多年輕人加入愛吃西餐的行列，真是普天同慶的樂事一樁。

這波熱潮會掀起，可能也是因為義大利菜、西班牙菜等類型的歐風小餐館（bistro）漸漸趨近飽和狀態。

一家家開張的餐廳都設計了開放式廚房，並且主推生火腿、香蒜鯷魚熱醬汁、西式炸物、義大利麵、比薩等熱門菜，剛開店時確實很有話題性，也吸引了很多客人，但由於餐廳同質性太高，因此也有不少店漸漸開始門可羅雀。

在這波風潮之中，有一種西餐特別受到矚目，雖然是西餐但保有日本特色，從以前發展至今，其中除了歷史悠久的老店，也有一些新開張的餐廳，使京都的西餐界轉眼間變得生氣蓬勃。

這種西餐與以往的西餐廳最不同的地方，是「氣氛」。以往的西餐是菜配飯大口吃，這種西餐則是以美酒相伴，適合多點幾道菜大家分著吃。

這正是我所嚮往的西餐，講得誇張一點，我一直夢寐以求能吃到美酒配好菜的西餐。

在眾多的京都西餐廳中，有一家新開張而且備受矚目的西餐廳「西洋酒樓六崛」。

店名中就標示出店家位置，也就是「六条崛川」[3]。崛川通非常寬敞，是名滿全京都的第一大路，沿路種植銀杏，展現出京都鮮為人知的另一種風貌。

綠意盎然的林蔭大道在入秋之後轉為一整排金黃，非常美麗，在「六崛」用餐的其中一個魅力，便是能就近欣賞這樣的美景。

店家開在崛川通上，店門口相當寬敞，白天射進燦爛的陽光，入夜之後眼前能看到寬敞大路的開闊景致，別具風情。不但能盡情眺望美景，還能品嚐正統的京都西餐，實在令人欣喜。

這家店白天與夜晚都有提供套餐，點套餐就能品嚐到各式各樣豐盛的西餐，不過如果是一個人的晚餐，我還是強烈推薦單點。

我先點一道生雞肉片當作前菜，這道真的非常美味，就算在雞肉串烤專賣店也難得能吃到這般品質的上等雞肉。

下一道我點了小馬鈴薯沙拉與小通心粉沙拉的組合餐，喜歡西餐的人肯定難以抗拒這個黃金組合。

炸蝦或奶油可樂餅也都可以只單點一個，獨食客肯定會喜出望外。

這家店除了景觀之外，餐桌上賞心悅目的「景觀」也是一大特色。六嵎選用的器皿細緻精巧，不禁令人聯想到日本料理；擺盤也乾淨俐落，頗見法式料理的影子。

而且料理的味道，是扎扎實實的道地西餐。

有些店只為了趕上西餐熱就輕易轉型成西餐店，所以只學到了西餐的皮毛，骨子裡與正宗西餐店依然有天壤之別。而正宗的六嶇與這些曇花一現的西餐可說是涇渭分明，真的讓人想攜伴用餐，一起分享美食呢！

先斗町 MASUDA ——享用番菜配美酒的晚餐

「京都番菜（banzai）萬萬歲（banzai）」彷彿是一句魔咒，為了「番菜」來京都朝聖的旅人源源不絕。

其實番菜直到不久之前才開始廣為人知，並成為一種「京料理」。雖然這個詞由來已久，但是成為一般用語的時間點，我記得是在昭和時期（一九二六～一九八九）的末期。

banzai這個發音的漢字有各種寫法，不過一般來說都寫成「番菜」。「番」有「依序」和「粗糙」的意思，「菜」則是小菜的意思。

京都人對於「平常日」與「非常日」的觀念相當明確，在平常日吃的小菜，就稱作番菜，也可以稱作「御雜用（ozoyo）」或「御回（omawari）」，這些稱呼據說都是從宮廷女官的用語演變來的。

不管稱呼是什麼，番菜就是平日裡隨意吃的小菜，因此古時候的京都人大概很難想像現代人竟然會為了番菜，特地掏錢跑到店裡作客。

然而所謂的語言，通常都是與時俱變的。

「先斗町MASUDA」是現今京都番菜的代表名店，他們的第三代老闆也跟上時代，認為：「如果客人的觀念已隨時代改變，我當然不會跟他們唱反調，歡迎他們把番菜當下酒菜。」

先斗町MASUDA的吧檯上密集地擺放了各種番菜，番菜的配菜組合與調味都很傳統。

這家店的第一代老闆娘增田TAKA曾經說：「我們的番菜調味會比一般的番菜更重，非常適合下酒。」

正如老闆娘所說，這裡的番菜不再只是配飯的小菜，經過他們調味，味道變得更豐富而有層次。

這家店的番菜保留傳統的做法，不用牛肉、豬肉、西方蔬菜，而是組合各種在地蔬菜、福井運來的海鮮等，製作出千變萬化的下酒菜。

海老芋和鱈魚乾的拼盤稱為「芋棒」，這可是「有緣千里來相會」的代表料理。

「有緣千里來相會」指的是各種從其他地方運送過來的食材，偶然在離海遙遠的京都相遇，而時常因此碰撞出美味的火花。

從北方的海搭上「北前船」的鱈魚乾，以及從九州南方運來、不知道何時開始在京都栽培的海老芋，兩相碰撞後產生的就是芋棒。到底是誰想到這兩個食材能產生如此美味的火花呢？這真是京都的魔法。

茄子配鯡魚，豆皮配日本蕪菁，春天的海帶配竹筍等等，把京都名產與其他地區運來的食材送作堆，最後也迸發出獨特的京都味。

番菜的配菜能在歷史洪流中歷久不衰，可見是多番斟酌後組合出的黃金拍檔，與當今即興發揮的創意料理完全不同。如果有人把京都這片土地上孕育出的味道命名為「番菜」，我也完全不反對。

先斗町MASUDA是日本知名歷史小說家司馬遼太郎的最愛，光是如此大概也知道這家店的氣氛如何，置身此地就該喝杉木桶釀造的賀茂鶴，更別說對酒放聲高歌的行徑了，在這裡更不可能發生，正如和歌曰：「舉杯飲酒應無聲[4]」，這家店最適合一個人的京都晚餐。

此地在京都也稱得上是數一數二有情調的區域。

串勝 KOPAN ——大阪的串勝、京都的串揚

「勝」和「揚」雖然都是「炸」的意思，但是「串勝」和「串揚」是不同的食物。

雖然現在也有很多人傾向混著使用這兩個字，但是我在這裡要嚴正澄清箇中差異。

有什麼差別？最大的差別在於沾醬。

世人常說的「禁止重複沾醬」指的是「串勝」，而依不同炸物選用不同沾醬的是「串揚」，這是大致上的區分法。

在大阪吃到的大部分都是串勝，而京都的主流是串揚。如果是吃串揚，每一串都有合適的沾醬，搭配方式大概是：炸蝦就擠黃檸檬、撒鹽，豬里肌[5]就沾柚子醋，蓮藕鑲肉就用中濃醬[6]。

在大阪吃串勝，不管炸的食材是什麼都會沾相同的醬。沾醬都放在大容

器中給客人共用，因此才會規定「禁止重複沾醬」。畢竟吃了一半的炸物放進共用的沾醬中很不衛生，而且非常噁心。

大阪串勝的食材通常都很大、麵衣也很厚，大概吃個十串就很飽了，而且不管什麼串都用同一種沾醬，我吃一吃很容易就膩了。

先斗町名列京都五花街之一，位置是在鴨川西岸第二條路，狹窄小路的兩側競相開了許多店，大部分都是餐飲店，所以走在這條路上從兩側會有各式各樣的味道撲鼻而來。

如果要比哪一條路最足以代表京都，大概沒有一條路能出先斗町之右。這條小路別說車子過不了，連自行車都難以前行，走在先斗町上，間或能從房屋縫隙一窺鴨川，充滿京都風情。

在先斗町最常聞到的是昆布高湯的香

店外有一張清楚的價目表，令人安心。

味，在陣陣香氣之中，隱約還有一股油炸的味道不時竄出。只要聞香前行，大概就能找到「串勝KOPAN」了。話雖如此，油炸的氣味其實很淡，不會如大阪串勝店一般，味道重得彷彿唯恐你聞不到。

進到店裡會發現這裡的氣氛比起串炸店更像是餐飲酒館，而且座位以吧檯座為主，想當然爾也很歡迎獨食客。

我推薦這裡的「主廚推薦套餐」，值得欣喜的是，店裡的葡萄酒價格公道而且種類齊全。

吧檯上放的幾個白色容器，看起來是為了串揚特別訂製的，看著讓人想吃串揚的心更雀躍了。

和風的昆布醬油、花生奶油、鹽與黃檸檬等風味各異的醬料，應該就是讓人吃也吃不膩、一串接一串的祕訣吧。而且他們會配合你喝酒的速度一串一串端上桌，也會告訴你什麼食材可以搭配哪種沾醬。

當然不同季節串炸的食材也不太一樣，也會有艾草生麩[7]、京都什錦豆腐丸等京都食材，完全符合「在京都吃串揚」的期待。

這家店每天幾乎都會提供三十多種串揚，不過大概吃個二十串左右就很飽了。

也許有人會因為吃的全都是炸物，所以擔心消化不良的問題，但其實完全不必擔心，在這裡飽餐一頓後依然可以很清爽，或許是因為這一帶都使用上等好油吧。

在先斗町吃串揚，意外地也很有京都味。

天壇 祇園本店——俯瞰鴨川，享用一個人的燒肉

講到京都的燒肉別無他想，以前的京都人肯定異口同聲說「天壇」。

京都人一方面很愛嚐鮮，另一方面個性又有些保守，所以燒肉這種料理對京都人來說困難度意外地高，而且還有不少人把燒肉當作是內臟迷的專場。

在這種風氣中，一九六五年，剛好是一九六四東京奧運的隔年，出現了一家燒肉店，用心讓客人能吃得更清爽，吸引了從情侶檔到家庭聚餐等各層面的客群。

天壇開在川端通上，位置比四条通的劇場「南座」再南一些。當時京阪電車本線還是行駛在地面上，電車靠近四条車站時，在車內就可以聞到撲鼻而來的香味，任誰的鼻子都會開始蠢蠢欲動。

實不相瞞，我也是受到香味誘惑而造訪天壇的芸芸眾生之一，而且在那

裡有生以來第一次因為嗆辣的泡菜而嚇得心驚膽跳，至今依舊記憶猶新。

在那個時代，如果是牛舌或牛里肌，我多多少少還認得出來，但是牛五花或牛瘤胃（牛的第一個胃）到底是牛的什麼部位，吃起來又是什麼味道，我還真的毫無概念。

這家店明亮又乾淨，完全顛覆了一般人對燒肉店煙霧瀰漫、光線陰暗的印象，在這裡吃燒肉有種未知而新奇的味道，喜歡牛肉的京都人很快就成為燒肉的俘虜。

此後五十年迄今，說到京都的燒肉，還是首推天壇，天壇多年來一直都深得京都人之心。

天壇生意興隆，除了在京都市內，也在東京開了分店，但是味道或餐廳風格都與初時如出一轍。

店面位置也依然在川端通，改變的是京阪電車，如今電車已經地下化，香味不會再

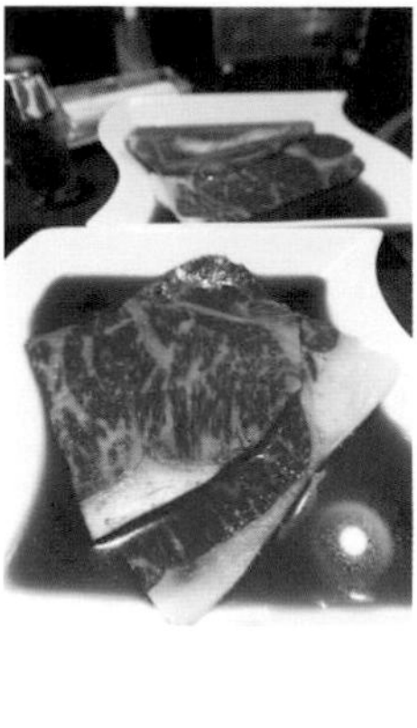

「天壇里肌肉」是來客必點的一道招牌。

飄進車廂內了。可能因為他們開始使用無煙烤桌，現在就算來到店門口，也只能隱約聞到一點味道而已。走上二樓的瞬間，才會有烤肉的香味排山倒樹撲面而來。

三樓是ＶＩＰ樓層，店員通常會為獨自來店的客人帶位到可以俯瞰鴨川的吧檯座。

一個人吃燒肉時，往往容易被帶到陰暗狹窄的座位，而在這家店裡卻能坐到堪稱特級的靠窗座位。不過如果照原本的設計，吧檯位子應該是給情侶的雙人座才對。

就算周遭坐的全是情侶也不用害怕，正大光明地享用一個人的燒肉吧，店家也很清楚獨食客的難處，才會設置了窗邊的吧檯座。

雖然菜單上沒有明寫，但是只要晚餐時間的人潮不多，如果你希望特製成小份的肉品，店家還是願意接單。

這一天，我在天壇第一道點的是沙拉。如今盛行「先菜後肉」的健康飲食法，吃燒肉時也不例外。而「吃肉也要吃菜」算是當今的世界潮流，我自然順應這些潮流，而且我沒有以韓式小菜或泡菜充數，我在攝取足夠的葉菜類後才開始吃肉。

這家店的最大特色是名為「黃金沾醬」的「洗醬」，肉浸過濃稠醬汁後下去烤，烤好把肉泡進黃金沾醬中快速撈起，吃起來就會非常清爽，來多少都吃得下。把切得很大塊的里肌肉放在網子上烤，沾了黃金沾醬後疊在白飯上一起入胃袋，也能吃到專屬於這家店的獨特好滋味。

天壇燒肉，就是京都人的心頭好。

京燒肉 嘻姜——在歷史洋樓悠哉慢食燒肉

一個人吃晚餐時，最需要注意用餐的「空間環境」。

正因為孤身一人，所以更要重視一家店的位置與氣氛，並不是「只要有得吃，哪裡都可以」。

如果是三五好友結伴，就算是蕭條巷弄中的店家，也別有一番風味；但若是一個人到這種地方，只會覺得滿心悲悽。

去吃雞肉串或燒肉的話更是如此，所以選擇店家時必須特別留意。依我個人淺見，假如要獨自吃一頓燒肉晚餐，我會推薦整潔舒適的店家，尤其是歷史悠久的建築物，更能增添燒肉的風味。

講到京都的建築，一般人都會想到數寄屋造[8]或是京町家[9]，不過京都的洋樓也饒富趣味，在京都洋樓裡品嚐燒肉，則美味又能更上一層樓。

店家位於烏丸三条附近，據說這一帶以前有「日本的華爾街」之稱，如今許多代表明治時期（一八六八～一九一二）的近代知名建築依然健在，如紅磚瓦的洋樓等等，很多老屋都注入了新靈魂繼續留用，正是古今兼容並蓄的京都特有建築。

「文椿大樓」也是當時的代表洋樓，於大正時代（一九一二～一九二六）建造，後來經過老屋翻新改建成為商業空間，二〇〇四年重新出發，目前已經是「京都市登錄有形文化財」，並且進駐了幾家餐飲業者。

來到這裡光是欣賞洋樓之美也相當值得，更何況還能踏入洋樓中的一方天地獨享燒肉，實在是求之不得的體驗。

這家燒肉店叫做「京燒肉キキョウ」。

原本的店名是寫成很難的漢字「嘻姜」，但是我沒來由地覺得以片假名標記也頗適合。

嘻姜一樓是廚房，走上古樸的樓梯到二樓是主要座位區。抬頭可見掛在高高天花板上的復古吊

與烏丸通相隔一條街，地理位置優異。

燈，室內裝潢相當穩重，難以想像這是家燒肉店。

這裡沒有吧檯座，全部都是一般座位，就算獨自前來也能在寬敞的座位享用燒肉晚餐。聽說有不少女性顧客看上這裡的氣氛，一個人來吃燒肉。

我把這家店列入一人晚餐的推薦清單，其中一個原因是可以選擇肉品份量。

這裡的肉品幾乎都可以點小份的，而且價格竟然是原價的一半。

在一個人的晚餐中，燒肉名列難以征服的疆土之一，主因也是出在份量，不管是牛里肌或牛五花，一般都是提供兩到三人份，如果只有一個人吃，只吃兩三種大概就後繼無力了。我覺得吃燒肉的精髓就是可以吃到各種部位的肉，只能點一般份量的燒肉店並不適合一個人去吃。

所以我推薦這家店，除了一部分的品項，幾乎所有品項的小份價格都明確寫在菜單上，真的非常感謝他們，這也是他們對獨食客釋出的善意。

比如說如果點了特選牛瘦腿肉、精選牛五花、和牛舌、牛肋眼、和牛上等橫膈膜這五項，普通份量要價七千四百二十日圓，但是小份的只要三千七百十五日圓，價格硬是少了一半，店家的貼心令人感激涕零。

良心好店的體貼心意無所不在，所以每個人都可以置身在平和的氣氛中，安心享用一個人的燒肉。

GYOZA OHSHO 烏丸御池店——新潮餃子店的一人晚餐

「餃子的王將（GYOZA NO OHSHO）」是海內外擁有上百家分店的大型連鎖店，發源地就在京都的四条大宮附近，對許多京都人而言，吃餃子就是去「餃子的王將」，講到「王將」就是吃餃子。

餃子的王將確實物美價又廉，但是相信很多人都會存疑，難得一個人來到京都吃晚餐，應該沒有必要專程去餃子的王將吧？畢竟日本各處都有分店，何必專挑京都的店呢？

但是我現在要推薦的不是「餃子的王將」，而是「GYOZA OHSHO」。兩者之間並不是只有漢字與英文標記之差，經營者雖然相同，但是他們可以說是判若兩店。實際上到底哪裡不一樣呢？

首先是風格。

不但外觀不同，從室內裝潢、使用的餐具到店員的服務，GYOZA OHSHO都比較時尚，走的路線都與餃子的王將不同。

GYOZA OHSHO距離地下鐵烏丸線、東西線的烏丸御池站很近，從兩替町通與御池通的路口往南走就可以看到。光看外觀會讓人以為是一家餐飲酒館，而且還設有露天座位。

一進店門就是一張大桌，旁邊是開放式廚房，以及貼著廚房的吧檯座。雖然還有其他一般座位，但是一個人來吃晚餐的話可以毫不猶豫選擇吧檯。這裡到了用餐時間就會開始排隊，相當受歡迎，所以最好提早出門，如果是吃晚餐的話，最好能在六點前進到店裡。目前GYOZA OHSHO只開放兩人以上的訂位，一人用餐只能直接到店候位，或者也可以先打電話詢問目前是否有空位。建議先電話確認，有座位了才來用餐。

坐下後先翻開菜單。如果沒有事前做功課，大多數人在此時都會覺得眼花撩亂，因為菜單和餃子的王將簡直有天壤之別。

首先是飲品，葡萄酒有紅酒、白酒、桃紅樣樣齊全，而且一杯只要一百八十日圓，當然也有瓶裝銷售。令人又驚又喜的是氣泡葡萄酒竟然有四種可以選，而且價格公道合理，一杯四百日圓，一瓶兩千三百～三千日圓。

雞尾酒也有七種，肯定沒有人想到這裡竟然會賣莫吉托吧？

飲料既是如此，餐點也不難想像，除了夏威夷風漢堡沙拉、前菜三味拼盤等新穎的菜色，還有菜肉起司蒸籠這種健康餐點，知道餃子

外觀新潮如同輕食酒吧，女性獨自一人也可以毫無顧慮進入。

的王將的人，應該很難想像這裡會有這麼多符合女性顧客口味的菜色，不但視覺上賞心悅目，食物本身不用說也是相當美味。

但是這家店的招牌好菜還是餃子。除了最基本的煎餃之外，也非常推薦其他獨家原創的餃子。

湯餃的湯用了融化奶油與酸奶油，京都和風煎餃是沾白味噌醬，吃法都很創新，像是想標新立異、出奇制勝，不過味道都是沒得挑剔的。

除了原創料理，常見的基本菜色也應有盡有，而且有的餐點會提供小份的「Just size」，很適合一個人的晚餐來點。

來到GYOZA OHSHO，就能在新潮的氛圍中品嚐獨家自創料理與價格公道的飲品，特別推薦給女性獨食客。

譯註

1 「燕 en」開業時間為二〇一三年四月。

2 與「料亭」同為日本料理餐廳，「割烹」原意為「烹飪調理」，氣氛比起料亭更輕鬆、親民一些，主廚會依客人的喜好即興烹調，客人可以在吧檯就近觀看主廚烹飪的樣子。

3 京都市中心的道路呈現棋盤式，很多交叉路口的名稱直接取自南北向與東西向的路名，如「六条崛川」，代表是「六条通與崛川通的交叉路口」。

4 出自歌人若山牧水的和歌，原句為「酒はしづかに飲むべかりけり」。

5 日文中的里肌肉（ロース）一般是指牛、豬、羊腰部到肩部的肉，包括肩胛、肋眼、沙朗等，但同時也可以泛指油脂較少的精肉，依店家情況而定。

6 中濃醬、豬排醬和伍斯塔醬是日本常見的三種沾醬，濃稠度和甜、辣度各不相同，適合搭配不同食物。中濃醬的濃稠度介於豬排醬與伍斯塔醬之間，味道偏甜。

7 把麵團放進水中沖洗，最後所留下的各種蛋白質稱為「麩質」，把麩質拿去蒸煮後可以製成「生麩」，是低卡路里、高蛋白質的健康食品。生麩的原料與麵筋相同，不過市售麵筋通常經過油炸或調味，製作方法與生麩不盡相同。

8 「數寄屋造」指的是將茶室融入住宅的傳統和式建築。

9 「京町家」指的是一九五〇年前在京都市內以傳統「木造軸組」工法建造而成的木造家屋，建築物的格局大多狹而長，狹短邊為出入口，因此常被稱為「鰻魚的睡鋪」。「町家」是住商混合的建築物，主要建在人口稠密、產業活動發達的城市中心，建築物正面出入口為商店，最裡面的地方則為住家。

第二章　再忙也想去的店

和・NICHI——靠近京都車站的完美小料理屋

京都車站開了許多居酒屋，無論西式、日式都在爭相搶客。

特別從中央出口往北到七条通附近這一帶，可以說是居酒屋的密集區，其中有幾家是專攻觀光客的假居酒屋，我也聽說如果不經意應和了門口店員的招呼入店，最後常常會以悲劇收場。

比割烹店放鬆，又能夠處於自在的氛圍中品嚐美酒的地方，以前都稱為「小料理屋」，如今很少人在用這個詞了，分享飲食評價的網站上也沒有小料理屋這個分類，不過「小料理」這個詞是存在的。

和食－分類下的「日本料理」之中，還有「割烹與小料理」這個分類，但是我認為如今「割烹」與「小料理」的風格已經相差甚遠。

所謂的割調，全稱「板前割烹」，就是板前（廚師）站在吧檯中，在客人面前烹飪。而小料理屋則是把已經做好的料理快速送上桌。

近年的割烹，特別是熱門割烹店大多都變成了套餐專門店，店家並不理會你「請幫我隨意配菜」的要求。如果是古早割烹中的廚師，應該都覺得隨興中才能見真本事，樂於在現場大顯身手，回應客人的要求。

原本由割烹所扮演的角色，如今有一部分由小料理屋接手。

在小料理屋，常來常往的豆腐店送來豆腐後，老闆就會迅速做成冷豆腐上桌，買到附近醃漬店的醃漬物，老闆就會切出一盤下酒菜。這種輕鬆自在的氣氛就是小料理屋的精髓，與居酒屋的感覺略有不同。

老闆泰然自若站在吧檯裡面，由女老闆從旁協助。為客人點單、上菜的則是他們的女兒，這家完美的小料理屋，是我在京都車站附近找到的。

店名「和・NICHI」頗為特別，店家位置很難用言語說明，只能說是在距離京都車站中央出口步行不到五分鐘的巷子裡，詳細位置請參考地圖F（見二三九頁）。

和・NICHI沒有五顏六色的招牌，外觀也與普通住家如出一轍，我拉開拉門進入店裡，看到小而精美的店內裝潢，先放鬆了下來。

吧檯從店門口向內延伸，穿著白袍的老闆就站在吧檯內，面帶溫暖的笑容迎接客人。一旁的女老闆以及負責外場的女兒也總是面帶笑容，光是看到他們三個人，就會覺得心頭一暖，心情平和。

我會來這家店，有一個原因是可以喝到平價的氣泡葡萄酒，每次我都是二話不說就先點一瓶。幾道簡單的小菜上桌後，我就會翻開「本日推薦菜單」點幾道小料理。和・NICHI的氣氛很輕鬆，料理也恰如其分。

酒喝了半瓶後，我會點天婦羅。我不點綜合拼盤，只單點炸蝦，不過老闆很爽快地接受了我的任性要求，令人欣喜。我夾起現炸的熱騰騰炸蝦放入能增添炸蝦風味的醬汁中，沾足後送入口中，嘴角自然而然就上揚了。

我選擇這家店的第二個原因，是他們的壽司。我點了壽司後，白髮老闆開始眉飛色舞地握起壽司，沒錯，這家小料理店的主角就是壽司。

壽司店常常讓人萬分緊張，但是在和・NICHI可以放鬆地享用美味壽司，而且最後結帳時還能讓人喜逐顏開，真是一家討人喜愛的小料理屋。

京的燒肉處弘 八条口店——在車站附近享用一人燒肉

「MEAT SHOP HIRO」位於京都最長商店街的西端，是一家以牛肉品質聞名的肉鋪，一聽說他們開了燒肉店「燒肉弘」，廣大民眾都爭相前往，燒肉弘也在京都燒肉迷之間一夕成名。

開店當時最為人所津津樂道的，是享有「史上最強的里肌肉」美譽的這一道，價格很親民，味道卻驚為天人，我二〇〇三年立刻在拙作中介紹了。

事隔十二年，燒肉弘的分店也越開越多，講到京都的燒肉，大家都會提到燒肉弘。

一聽說燒肉弘分店開在我常住的旅館大和Roynet Hotel京都八条口店附近，我二話不說就去拜訪了。

出飯店後往東約一百公尺，步行不到一分鐘，沒想到能在這麼近的地方吃到於我有多年深厚情感的燒肉店。

對於一個人的晚餐來說，難度最高的恐怕就是燒肉了吧？

一般人對於燒肉店的印象就是親朋好友七嘴八舌，熱熱鬧鬧圍著網子烤肉，如果形單影隻坐在座位上烤肉，旁人大概都會以為你是個孤苦無依的可憐蟲。

不過如今獨食客慢慢增加，燒肉店也不能置身事外，越來越多燒肉店開始設置吧檯座，對獨食客來說是可喜可賀的。

講到吧檯座，很多人都會想到開放式廚房，不過面窗或面牆的吧檯座也是獨食客的好夥伴。「京的燒肉處弘 八条口店」的吧檯座面對牆壁，從入口左側往店內延伸一排，如果只有一個人，店員就會帶到這裡的座位。

話雖如此，吧檯座本來是設計給情侶檔用，而不是一個人的專屬座位，一個人坐等於一次占用兩個位子。既然如此，就算一個人吃不下兩人份的量，也更應該要盡情地大口吃肉、大口喝酒。

我最近常看到一些年輕情侶不吃也不喝，只點了一些菜就久坐不起。有時候也會看到不少客人不發一語，專心滑著自己的手機。但所謂的餐飲店就是要讓客人吃吃喝喝的地方，請各位務必謹記在心。

首次來訪時，我第一個點的是瓶裝氣泡葡萄酒和韓式小菜拼盤，裝韓式小菜的器皿很像小的「重箱[2]」，讓我驚豔，光是這個器皿就很有「在京都吃燒肉」的感覺。

我點的燒肉是今日厚切肉，看這肉切得如此豪邁，真是名符其實的「厚切」，而且肉厚實又有嚼勁，我沾了大蒜鹽隨即送入口中。在品嚐過鮮美的肉味後，

從京都車站八条出口步行不遠處，剛開張不久，外觀相當新潮。

我點了招牌和牛瘦肉佐青蔥醬，這個招牌瘦肉的厚度恰到好處，其中一面塗了滿滿的青蔥醬，讓人同時享受紅綠的視覺衝擊以及滿是蔥醬的鮮美肉味。

吃到這裡，一瓶酒也差不多該喝完了，於是我加點一杯紅酒與一份橫膈膜。最後再加點白飯、橫膈膜和白菜泡菜，每一樣都無可挑剔的美味，而且份量也很足夠。

在燒肉弘獨享燒肉，飽餐一頓後時間還綽綽有餘，可以趕得上新幹線末班車，地理位置相當便利。

京 DINING 八条——末班車前十分鐘的最後一杯

京都之旅到了尾聲，你獨自踏上歸途前要吃一頓晚餐，心中還依依不捨。如果此時你深怕不小心喝過頭而錯過末班車，那麼選車站裡的店最保險。

然而也許是租金太貴，也許是不必費吹灰之力都會有客人光顧，我不知道確切的理由是什麼，車站中不乏ＣＰ值低或者服務有待加強的餐廳，我也有幾次慘痛的經驗。

我常常來這裡送朋友回東京，並和朋友喝到最後一刻。畢竟行李多，又不想在最後關頭錯過電車，就會選擇車站內的店家。

有些店的料理雖然很有京都風，但吃起來就像加熱食品，要價卻不菲。這就算了，問題是酒的價錢。我點了一杯紅酒，朋友點了燒酒加冰塊，等到兩杯酒上桌，我們只能面面相覷，因為一杯的量實在太少了，大概兩口就能喝完，這種份量要這個價錢實在不便宜。

又或是某家鐵板燒店，感覺好像很受外國觀光客歡迎，店內可以聽到各種語言。我想或許也因此擅長外語的店員要不斷分神講外文，最重要的服務品質就怠慢了。那一次我點的餐一直沒來，忍不住提醒了店員，店員卻一臉不記得的樣子，也沒有半句道歉，隨即又回去講他的外文了。我不只提醒了一、兩次，後來飯還沒吃完就先離開了。

當然車站裡不可能全是這種店，但是車站裡的店家似乎一直都不太對我的脾胃。不過我還是找到了一家店，食物與酒很平價，而且服務令人舒服，是我一個人吃晚餐時的口袋愛店名單。這家店就是「京DINING八条」，以前名為「八条DINNER」，重新改裝後換了店名，菜單也煥然一新。

以前全店都可以吸菸，改裝後則設置了禁菸區，對我來說是個好消息。現在餐廳最裡面是吸菸區，所以我都選店門口的高腳桌椅或者吧檯座，如果是一個人的晚餐，當然就選吧檯。

京DINING八条不但酒類品項齊全，而且價格合理，餐點也是琳瑯滿目，日式、西式應有盡有。

進到店裡之後，我一如往常都會先點氣泡葡萄酒，再東吃一點西吃一點。第一道餐點我點的是「前菜五味拼盤」。

這道菜兼容日式與西式，份量也十分足夠；另有很多其他吸引人的菜色，可以請店家改做成一人份，份量會比較少。

如果想吃有京都特色的料

餐廳位於JR京都車站八条東口剪票口鄰近的美食街「待客小路」，附近還有伴手禮的店，相當方便。

理，可以點「京豆腐與生麩的二重奏」，佐料山椒讓整道菜的味道增添更多層次。

豆腐皮包起司下鍋炸的「炸起司東寺」與葡萄酒也很匹配。順帶一提，從古至今東寺附近一直都有很多家豆腐皮店，所以用到豆腐皮的料理常常會以「東寺」入菜名。

這裡也有賣日式義大利麵與蛋包飯，但是份量太多，一個人很難吃完，如果人不多，可以請他們改做小份的；如果人很多時，我會推薦「九条蔥比薩」。

從京DINING八条到新幹線的剪票口，最快只要一分鐘，在末班車的前十分鐘還可以享受最後一杯酒，有需要的人務必列入自己的口袋名單之中。

東洞院 SOU ——一個人的和食晚餐首選

雖然很多人都想嘗試一個人坐在吧檯吃和食，但是這個挑戰的難度著實不低。先不論價錢，最令人擔心的是這些店到底歡不歡迎獨食客。

在電話訂位的時候，大概就會知道了。

「我想訂位，明天六點。」

「謝謝您，請問有幾位？」

「一個人。」

「請稍候。」

等候音樂放了大約十秒鐘後……

「非常抱歉，明天剛好客滿了。」

我常常碰到這種軟釘子，只要一發現這家店不歡迎獨食客，我就會把這家店從自己的口袋名單中逕行刪除。

我一開始就說明了日期和時間，如果真的客滿到連一個空位都沒有，根本沒有必要詢問人數，當下直接回絕我即可，這肯定代表他們排斥獨自來店的客人。

很多日本的店家都不歡迎單人客，日本旅館又是典型代表，多半是因為接待一個人太不划算，或者他們先入為主認定這些人都很難搞。由此可見，他們的經營觀念已經僵化到如同化石一般。

身為本書的作者，我敢說：不重視單人客的店家沒有未來。

所以在這裡我想推薦「東洞院SOU」，電話訂位不但能輕鬆搞定，最令人感動的是在我坐到吧檯準備要點餐的時候……

「本店幾乎所有菜都可以做成小份的，如果有需要，請您告訴我們。」

包括京都，以及我過去造訪的無數店家，第一次有店家直接這樣說，這正是他們歡迎獨食客的證據，我雀躍得差點從座位上跳起來。

有一個好的開始，後續發展也可想而知，他們對獨食客的體貼，在我用餐過程中也展露無遺。

我雖然是來吃晚餐的，但是通常都會把平板電腦放到吧檯桌上，一邊進行手邊的工作。如果是第一次造訪的店家，必須花比較多時間判斷適不適合拿出電腦，畢竟這個舉動很破壞氣氛，所以在某些店中我常常會選擇放棄。在東洞院SOU，在我拿出電腦前，他們會頻繁跟我說話；一看到我進入工作狀態，就會放我獨自一人，並且時不時貼心地上一些小菜。體察人心的服務，也是一家好店的必備條件。

晚秋的一天，我來到東洞院SOU，店家提供了小茶碗蒸、莧汁豆腐皮、烤秋刀魚壽司三樣小菜，而我點的是薑汁雞肝、奈良醃漬、鯡魚卵、烤銀杏。光是這些就夠我痛快喝一場，但實在是太美味了，於是我又加點了松茸土瓶蒸和山藥泥鰻魚的高湯蛋捲等兩道秋天的料理。這家店總是高朋滿座、人聲鼎沸，我點餐後他們說餐點要等比較久，並在抽得出空的時候先上了小菜給我。

最後我點炸牡蠣配白飯，度過了悠閒的幸福時光。

雖然說我並不排斥為了一家餐廳特地在半年前就訂位，還配合訂位時間規劃京都之旅，但是我覺得在這種庶民的店家中感受細膩的人情交流，才是更有京都味的旅行。

杏子——在吧檯大啖鐵鍋煎餃

雖然京都帶有很強烈的日本古典色彩，但是有些出乎意料的料理竟然也是京都的知名美食。

拉麵就是其中之一，比如說全國連鎖拉麵店「天下一品」，發源地是在京都的北白川，北白川稍微往北，在一乘寺附近有一條「拉麵街道」，聚集了全國各地專程想來吃拉麵的人，店家門口經常因此大排長龍。

儘管京都的口味偏淡，與湯底濃稠的拉麵似乎互相衝突，不過京都同時也聚集了愛好拉麵的年輕學子，所以要說契合也是不為過的。

與拉麵相同，餃子也可以說是京都的知名美食之一，畢竟店名中就有餃子的「餃子的王將」早已名滿全日本，這家店的發源地是在京都的四条大宮。

最廣為人知的「餃子市」，是櫪木縣的宇都宮市與靜岡縣的濱松市。

每年「日本城市的餃子食用量排名」都會引起一波討論，而且連年都是宇都宮市與濱松市在爭奪冠軍寶座，京都雖然落於人後，但是依然能連年穩居第三名寶座。不僅如此，如果以都道府縣來排名，京都府的食用量高居全國之冠，可見京都人很愛吃餃子。

想吃日本風餃子的話，京都可說是不二的選擇，以餃子聞名的店家不但所在多有，而且每家店的味道各有特色，難分高下。

儘管如此，想到餃子一般還是會想到快餐酒吧，適合一個人吃晚餐去的店家並不多。一個人在喧鬧的中華食堂吃又很沒有京都味，菜單上全是餃子的專賣店好像也不太合適。

有一家店不但主打餃子，還能吃到其他美味料理、喝上幾杯美酒。這家餃子店就位於河原町三条，店名是「杏子」。杏子是一家在二樓靜靜營業的隱密小店。

正確來說，是在河原町三条往北的第一條小巷，右轉進入小巷中，杏子就在右手邊建築物的二樓。

進到店裡左手邊就是一般座位區，這一區大概只坐四個人就會客滿，而右手邊一排往店內延伸的吧檯座，就是獨食客的專屬座位。杏子由兩位女性經營，雖然餃子不免予人「量多味重粗漢最愛」的聯想，但是這家店的氣氛相當平和，想來也是因為有她們在的關係。

我推薦杏子的最大原因，是因為這裡有「單人獨享套餐」，僅限單人用。獨食客不再附屬於多人之下，而能擁有專屬於自己的套餐，這也代表杏子是誠心誠意歡迎獨食客，對一個人的晚餐來說，簡直是無上的喜悅。

單人獨享套餐可以選生啤酒或無酒精飲料一杯，前菜之外，還有杏子的招牌鐵鍋煎餃六個、三種口味的花式餃子[4]——卡芒貝爾起司、和風紫蘇梅、韭菜蝦各一，以及兩個水餃。一份套餐十一個餃子，共一千八百五十日圓，相當划算。

還有其他花式餃子、沙拉、麵類可以選擇，如果覺得意猶未盡的話，可以再加點。

杏子也有提供英文版菜單，吧檯中站的各個店員也是外國面孔，所以真的很適合一個人來這裡享用晚餐。

釜飯 月村——以招牌釜飯畫下完美句點

京都過去隨處可見小料理屋，如今已經大幅減少了。

現在大部分的店都只算是居酒屋或割烹，也確實「小料理屋」這個詞比較難懂。「小」這個字是什麼意思呢？恐怕是覺得這種食物「稱不上是一種料理」，所以加上「小」自謙。這種用法與自稱「素人料理」的餐廳相同，都是以謙遜為美。

然而今非昔比，以謙虛為美德的時代已經過去，如今社會大逆其道，明明沒有真材實料卻自詡為「料亭」，賣的東西明明稱不上是「京料理」，店名卻掛上這三個字，名實不符的情形有增無減，但這些「虛名」都只有一半能信。

從四条河原町出發靠四条通的南側往東走，在第一條小巷子向右轉，走到盡頭時向左轉會有更小的一條巷子，繼續南行，右手邊就可以看到「釜飯月村」的招牌，這家是我心目中的理想小料理屋。

要怎麼區別割烹、居酒屋、小料理屋呢？我都會用吧檯座的數量區分。除去連鎖店，如果是一般的居酒屋與割烹，絕大多數的座位都是吧檯座，小料理屋則是占一半左右，或者一般座位、矮桌座位占多數。

「月村」總共有十幾個座位，吧檯座只有三個，而且這裡很難訂到位，建議在五點開店時就直接殺入店裡。

如果能幸運搶到座位，可以先開始看菜單。如同店名所示，這裡的招牌是釜飯，有蝦子、雞肉、牡蠣三種口味，價格都相同，另外也有三種口味一次滿足的「綜合」可以點。現煮大概要等二、三十分鐘，可以倒推時間提早先點好，然後品嚐小料理消磨等待的時間。

飲品的種類相當單純，日本清酒是加熱酒，想喝冰的可以點冷酒，啤酒和生啤酒都是瓶裝，生啤酒可以選中瓶或小瓶。料理的價格並不便宜，不過酒類都非常便宜，也就只有善良的小料理店才會特別在料理與酒之間取得價格上的平衡。

吃一頓「月村風格」的一人晚餐，首先要從牆壁上白字、黑木吊牌的菜單上選幾道菜，邊喝酒邊吃，等到時間差不多再點釜飯。

全年都掛在牆上的木牌是醋漬鯖魚和天婦羅這類基本菜色，再加上當季各式鮮味，總共大約有二十個牌子，木牌下還會貼幾張紙菜單，光是看著心情也很愉快。

與釜飯並列月村招牌的料理是古早味燒賣，如果出現在菜單上一定要點來吃。燒賣是純手工製作，不一定會寫在菜單上，但是從開業以來就是一道熱門菜，而且長年來都是電影工作者的心頭好。

京都是日本電影的發源地，有許多相關從業人員會來京都，而且他們都有自己偏愛的幾家餐廳。月村與電影公司東映似乎頗有

與烏丸通相隔一條街，地理位置優異。

淵源，古早味燒賣因此抓住了許多電影工作者的胃。

講到這裡，終於等到釜飯上桌了。如果是冬天，我首推牡蠣，不過四季皆宜的美味還是雞肉。

釜鍋放在木墊上，掀開鍋上的木蓋後，香味隨著熱氣蒸騰竄出，釜飯熱得燙人，我用竹匙舀了一口直接送入口中，這就是正宗釜飯的吃法。如果一點一點盛到別的碗裡再吃的話，熱度和滋味都會不知去向。我每次都覺得一個人根本吃不了這麼多，但由於真是太美味了，所以每次還是會不知不覺吃個精光。

雞匠 FUKU井——靠近車站的大人味雞肉串店

「京都與雞肉串烤」介於速配與不適合之間的灰色地帶，是難以一語道盡的奇妙組合。

從京都的飲食文化來看，雞肉雖然隨處可見，但是「烤」雞肉好像很難說是京都道地的烹調法。

不知道是不是這個緣故，我們可以迅速想出雞肉火鍋或雞肉料理的名店，但究竟哪一家的雞肉串好吃，倒是讓人傷透腦筋的問題，京都的雞肉串就處於這種奇妙的處境之中。

雖然有幾家好吃的雞肉串烤店，但如果要推薦的是「在京都必吃」的店，又好像都少了關鍵的一味。如果再增加「一個人的晚餐」這個條件，適合的店就會更少；若再加上「女性顧客」的話，符合條件的店家趨近於零。

經過重重篩選，我推薦這家店，距離京都車站八条出口並不遠，氣氛穩重平和，是大人的最愛。

店名是「雞匠FUKU井」。

店面是京町家的老屋翻新，開在東寺通上，外觀的基本色是黑色，溫柔迎接遠道而來的客人。

到了店門口，應該所有人都會猶豫大門是要推還是拉吧？成功開門入店之後，可以看到一排向內延伸的吧檯座，以及店門口旁邊兩組小巧的桌椅。原以為這裡只是家小店，不過樓上似乎還有很多座位，許多客人入店後魚貫上樓。

我坐在獨食客專屬的吧檯座，背後感受到人潮來去，一邊品嚐美味的小菜豆腐。

這道豆腐名為「濃厚戀豆腐」，味道確實比一般豆腐更濃郁，不過突然之間就上了這麼一道豆腐給我，倒也很像京都雞肉串店的作風。

這家店和一般人印象中的雞肉串不同，走的是宮崎風。

一般的雞肉串是火烤時刷醬，但在這裡是以炭火的大火一過，就把雞肉串烤得外焦內生。

由於我坐在吧檯，只要有人點餐，就能近距離看到燒烤雞肉串的過程，令人雀躍。

他們在烤的時候會先把雞肉放進類似竹籃的容器裡，再架到火上，當油脂滴落時就會竄出巨大火舌，香味也會隨著火舌瞬間四散。

小菜的豆腐之後，我該點些什麼呢？我很享受與菜單本相看兩不厭的煩惱時間。

比較健康的吃法，是在點雞肉前，先吃「今日的番菜」三味拼盤，或者炭火烤蔬菜。

我每次都會點招牌雞絞肉串，而沾蛋黃吃的蛋黃雞絞肉串和冬天依然讓人渾身噴汗的嗆辣雞絞肉串也是必點菜。

接下來我會點佐以柴漬[6]風塔塔醬的南蠻風炸

坐在吧檯座可以就近看到雞肉串燒烤的過程，等待時間也令人興奮。

雞」或炸知覽雞。吃到這裡大概就會很飽了，如果胃口還允許的話，我最後會點一碗拉麵。

「壓軸麵」是適合當最後一道菜的小份雞湯拉麵，看起來很清淡，但雞湯的餘韻濃醇，與細麵相得益彰。使用同樣湯頭的咖哩拉麵也很吸引人，但是太大份了，比較不適合一個人的晚餐。

星鰻料理 大金——一鰻多吃之樂

這家店在「西洞院通」與「高辻通」交叉口附近、稍微遠離商店街的地方，我最初是先受到了店名的吸引。

店面是京町家改裝，但是並沒有裝修過度，玄關四周塗上鐵紅色的淺色染料，屋簷下垂掛一個巨大的白色燈籠，上面寫著「大金」兩個字。

漢字寫「大金」，唸法不是音讀「TAIKIN」，而是訓讀「OOKANE」。我這個人向來與財神無緣，難免心嚮往之。不過「大金」其實是店主的姓，既不是為了討個好兆頭，也不是為了引人注目。聽到這裡，是不是覺得更有魅力了？

還有另一個吸引人的地方，就是店門口寫的「あなご（星鰻）」。

京都三大祭典之一的「祇園祭」別名「鱧祭」，可見京都與「鱧（灰海鰻）」的淵源有多深。只要入夏，全京都的和食店，無處不賣灰海鰻；全京都上上下下，無人不吃灰海鰻料理。

河鰻（うなぎ，一般稱「鰻魚」）的情況也大同小異。

關西地區的烹調法大概都採用裸烤後不蒸直接沾醬烤的「地燒」，與整隻鰻魚蒸到內外都軟的「江戶燒」大不相同，但不知道為什麼京都的鰻魚店大多還是擅長江戶燒。有人說是因為京都的高齡族群多，不喜硬皮，但是我覺得這個理由比較沒有說服力。

比起高齡族群的喜好，說京都與江戶（東京）的交流頻繁還比較有道理。無論如何，喜歡吃鰻魚的京都人不少，京都市內的鰻魚專賣店也不少，鰻魚比海鮮更容易取得，也更受到京都人愛戴。

鰻魚、灰海鰻、星鰻是俗稱的三大細長魚類，但是星鰻在京都的曝光率卻很低。灰海鰻在夏天吃，鰻魚則是一年到頭都可以吃，雖然我們常常會專程為了吃鰻魚或灰海鰻而進餐廳，卻不常為了吃星鰻進餐廳。仔細一想確實很不可思議，星鰻的味道比鰻魚和灰海鰻更清爽，照理說應該很對京都人的胃，就算京都有幾家專賣星鰻的店也不足為奇。

這家大金就是星鰻專賣店，而且除了鹽烤、裸烤星鰻，以及天婦羅、壽司這些傳統和食之外，還有星鰻生魚片、星鰻涮涮鍋、星鰻壽喜燒等等，令人喜出望外。

進入店內第一個映入眼簾的是廚房和廚房前的吧檯座，旁邊也有一般座位，不過主要的座位都是吧檯座，可見一個人前來也可以放寬心。全店總共只有十二個座位，所以最好訂位之後再來。

雖然大金是星鰻專賣

經細膩刀工處理過的星鰻。星鰻生魚薄片也是必吃的夢幻料理。

店，卻提供了很多其他種類的料理，也有兩相綜合的主廚推薦套餐，客人可以隨自己的心情決定要單點還是要套餐，令人欣喜。

也可以詢問店家是否有適合一個人吃晚餐的推薦點法，再決定要怎麼點餐。

星鰻配日本清酒頗不錯，不過葡萄酒居然意外對味，所以我推薦平價國產葡萄酒與星鰻料理這個組合。

星鰻生魚薄片是百聞難得一吃的夢幻料理，先點了這道之後，接著點裸烤星鰻、串烤星鰻肝，中間穿插幾個天婦羅，最後以星鰻飯收尾，這樣是最標準的吃法。

另外還有隱藏菜單「老闆娘的義大利菜」，不管來報到幾次，都有新樂趣。

在京都吃星鰻，細膩清爽的星鰻滋味與京都完美結合，星鰻是非常適合一人晚餐的食材。

二條 葵月——壽司與和食的一人晚餐

壽司的吃法有兩種。

第一種其實不必我贅述，就是單吃壽司。一開始先吃一點生魚片，然後就只吃壽司。一般而言去吃壽司大概都是走這個路線，然而隨著年紀增長，我漸漸不愛吃生魚片了，所以幾乎每次都在吃完一開始的小菜之後，我就會直接點壽司，一路吃到最後。

另一種吃法，是先吃各式各樣的和食，吃到最後一道，或者吃到下半場時再請壽司出場。第二種吃法其實也相當愉快，因為除了壽司，我們有時候也想吃些其他食物。

若是以價錢來說，第一種吃法是更為昂貴許多，畢竟和食店中的壽司與專賣店中的壽司不盡相同，價格差異也是在所難免。而且很多壽司專賣店不會標明價格，如果是從沒去過的壽司店，很難預測到底會花多少錢，開門入店必須先鼓起勇氣。

如果是第二種吃法，就不太需要為價錢擔心，但是這樣的店卻意外的少。或者說即使有這樣的店，賣的壽司卻一點也不正宗，就像是宴會料理一樣，雖然量多但品質差，讓我非常失望。

有一家剛好符合所有條件的店，二〇一四年新開張沒多久。

這家店位於「二条柳馬場」交叉路口再往東這一帶，近年二条通上新開許多

老闆笑臉迎人，讓人在吧檯坐得很自在。

餐飲店，路上也變得更加熱鬧了。這家店就開在二条通上一棟大樓的一樓，店名是「二條 8 葵月」，葵月唸作KIZUKI。

明亮的店中有兩個四人座，吧檯座有八個，一個人來吃晚餐當然要坐吧檯。

入坐之後，看到店名中的葵花與月亮圖案在眼前閃爍金光，倒是沒看到壽司店必備的透明展示櫃。

我接著來看菜單。這裡提供兩種套餐，都是一人晚餐的絕佳選擇。

一個是葵套餐，包括六貫 9 壽司，總共有五道菜，共三千五百日圓。另一個是月套餐，壽司只有五貫，不過還有牛排，總共九道菜，共五千日圓。

在京都吃正宗的壽司竟然只要這個價錢，相當公道，許多割烹店的午餐時段也是這個價格。不單是壽司店，以這個價錢提供全套晚餐的餐廳亦是寥寥可數。

葵套餐會先上小菜、湯品，之後是魚料理。再來才是六貫壽司，壽司的魚材由廚師決定，如果有不能吃的魚可以預先告知，廚師會另選別的魚類。葵月的壽司基本上都是江戶前壽司[10]，但是他們不會因此自我設限，而且醋飯也講究什麼時候該選用米醋或紅醋。

月套餐的小菜和湯品與葵套餐大致相同，接下來的幾道就和葵套餐非常不一樣。

月套餐的魚料理之後，是海膽冰與芝麻豆腐，這是來自山口縣的老闆所設計出的創意料理，也就是葵月特製料理。接著下一道宇部牛排生切片[11]，也是很有山口味的一道菜。吃到這裡肚子差不多都鼓起來了，就算壽司只有五貫也綽綽有餘了，如果覺得意猶未盡可以再加點。

我強力推薦葵月的月套餐，套餐菜色ＣＰ值非常高，還吃得到獨家的創意料理，我一個人獨享一份套餐，不免都覺得自己好奢侈。

七番館——車站附近獨享一人西餐

ＪＲ京都站有新幹線側的八条出口與在來線側的中央出口，如果要比熱鬧程度的話，一定是中央出口大獲全勝。不過這是理所當然的，畢竟在一九六四年新幹線通車以前，八条出口附近依然還是民家林立。

相較之下中央出口則是長年代表京都車站的門面，京都全市的人潮基本上都由中央出口與四条區域包辦了，所以自然會比八条出口更加人聲鼎沸。

以前有一家名為「丸物」的百貨公司，後來變成近鐵百貨，現在則是「Yodobashi Camera（友都八喜）」，如今這棟建築物與京都塔皆已成為京都的地標。

走出京都車站的中央出口，沿著烏丸通向北前行。過了京都塔與Yodobashi Camera之後抵達七条通，如果再繼續往北走會抵達東本願寺，但是要在七条通右轉。

這一帶開了很多家車站前常常看到的商店，如果你在此時聞到讓人垂涎欲滴的香味，肯定是從「七番館」傳過來的，這是家主打法國菜的西餐廳。

七番館的西餐雖然比較傳統，但是也有各種法國風的改良料理，很適合一個人的晚餐。

我從斜斜的門口進到店裡，右手邊是廚房與廚房前一排吧檯座，左手邊則是一般的座位。

獨食客專屬的吧檯座有六個座位，我每次都會選擇最裡面、葡萄酒架旁邊的位子。

對於獨食客來說，吧檯的哪一個座位比較好呢？如果是去壽司店，我會選在廚師前面的位子，其他店裡通常都會選邊角的座位，畢竟我有時候會拿出筆記型電腦工作，所以會盡可能選擇低調的位子。邊角座位還有一個優點，就是可以從旁邊觀察廚師工作的樣子。從側邊就可以觀察到正面很難看到的手部動作，我可以一邊看烹調過程，一邊品酒，一邊煩惱接下來要點什麼，這段時間是一人晚餐的專屬享受。

七番館也有提供主廚推薦套餐，不過可以隨意單點的菜色很豐富，所以推薦你直接單點自己想吃的東西。

首先我點了小份的精美法式前菜拼盤，相配的當然是葡萄酒。

我會推薦這家店，其中一個原因是這家的菜可以點小份的。雖然不是每一道都可以選，但是大份的幾道菜上都標記提供小份，也寫明了價格，非常為獨食客著想。葡萄酒也有十幾種，一個人照樣可以盡情享受。

接在前菜之後，我點的是生火腿與溫泉蛋的凱薩沙拉，點的也是小份，這兩道菜都與白酒很速配，比如說智利的夏多內酒，價格穩定又很好入口。

接下來的主餐要選什麼呢？真是猶豫。有幾道算是這家店的招牌——自製燉牛肉、焗烤鮮蝦通心粉、米蘭風香炸MOCHI豬[12]肩胛肉排等都很誘人，搭配的酒可以選紅酒，我推薦「MICHEL LYNCH ROUGE」。接著差不多要到尾聲了。

這裡也有賣咖哩和義大利麵，不過我最推薦的是醬油蒜味飯。兩杯酒再加上最後一道菜，總共大約五千日圓左右。從七番館步行到京都車站，大概只要十幾分鐘，離開京都踏上歸途前想吃一頓晚餐的話，選擇這裡也很方便，強力推薦七番館，在京都車站附近獨享一個人的西餐。

市場小路 北大路VIVRE店——洛北樞紐的牛排居酒屋

京都之旅的最大障礙恐怕就是交通。在京都主要的代步工具是路線縱橫交錯的市公車，淡季的時候還沒有問題，但是一到旺季，主要道路必堵無疑，此時步行往往還比公車快。

既然公車會塞車，為何不搭地下鐵？因為京都地下鐵不像東京或大阪一樣四通八達，京都只有南北向的烏丸線和東西向的東西線兩條。單憑地下鐵能去的名勝古蹟很有限，但還是非常有搭乘的價值。

地下鐵加市公車，或地下鐵加步行，這種兩相搭配的移動方式最適合京都之旅。

如果把地下鐵烏丸線當作人的脊椎骨，東西線就是人的左右手，在這個十字路線上的樞紐是南邊的京都站、中央的烏丸御池站、北邊的北大路站，在這三個樞紐車站附近吃晚餐都相當方便。

北大路站是洛北[13]觀光的樞紐，我會介紹幾家在北大路站附近的店，但是其中公認美味的是這家店。

北大路站的地面樓層是名為「北大路VIVRE」車站建築物，「鐵板牛與番菜 市場小路 北大路VIVRE店」就位在二樓。

「市場小路」已經在京都市內開了數家分店，是京都的在地連鎖店，不過每家分店的型態都不太一樣，「北大路VIVRE店」是一家牛排居酒屋。

如果只是普通的牛排居酒屋，我就不會特地介紹了。這家店的最大特色就是能吃到京都老字號肉鋪、肉料理店「MORITA屋」的肉品，而且價格很親民。

北大路VIVRE二樓南側有一個小的美食街，市場小路就位於美食街的一個角落。店裡有普通座位、吧檯座、日式圍爐座，既然一個人來吃晚餐，基本上還是選吧檯。不過窗邊的普通座位可以眺望比叡山和大文字山，如果有空位的話，可以訂窗邊的位子。

坐吧檯可以就近看到開放式廚房中鐵板煎牛排的樣子，坐窗邊可以遠望東邊山峰青翠，這兩邊都難以取捨。

坐定位之後，我立刻點了酒，從京都店家必備的日本清酒，到梅酒、燒酒、氣泡燒酒、平價的葡萄酒應有盡有。點完菜就會上小菜，而且值得高興的是，小菜並不會讓吃的人覺得很敷衍了事，吃得出是一道用心的料理。

我以前還會點烤牛肉或

店裡提供搭配不同主食的番菜定食，各種菜色種類豐富，自製豆腐也是招牌。

是燉牛舌等肉類料理，光是這些就夠我喝下一整杯葡萄酒。

接下來我建議點自製冰涼朦豆腐[14]、味增醬串烤雙色生麩、京都在地雞蛋的鐵板高湯蛋捲，如果坐在吧檯的話，就可以在眼前的鐵板看到高湯蛋捲從蛋汁到完美成形的模樣。

接下來的主餐，當然還是要點牛排。

廚師在鐵板上俐落地煎好MORITA屋的牛外側後腿肉、牛臀肉這些脂肪較少的肉，然後再送進石窯烘烤，讓熱度深入裡層，因此牛排的口感不但很嫩，咀嚼的時候也能扎扎實實品嚐到鮮美肉味，這樣的高品質，一百公克只要一千日圓左右，真的很划算。

如果還有胃口的話，可以點一份鐵板蒜味飯。廚師會在你面前展現在牛排館才能看到的精湛手藝，並端出這份熱騰騰的蒜味飯。

從市場小路到北大路站大概只要三分鐘，所以用餐時可以不必擔心時間，盡情享受上等牛排，特別推薦給愛吃肉的你。

廣島鐵板 叶夢——獨享廣島風的御好燒

一般所說的「麵點」，指的是麵類、御好燒、章魚燒等使用麵粉製成的所有食物，依照一般人對麵點的想像，應該是大阪比京都適合，畢竟大阪與章魚燒、御好燒的關係更為緊密。

章魚燒雖然是知名的大阪美食，不過最近京都也開了很多家專賣店，儘管稱不上是京都特色美食，依然常常能看到京都章魚燒店門口的排隊隊伍。如果從廣域的地理位置來分類的話，京都和大阪都相同，屬於關西地區。

先不論章魚燒、御好燒等代表麵點的食物與京都是否合拍，不可否認人有時候就是會莫名其妙很想吃這些東西，我也是其中一人。

這些東西我通常都在家裡吃，偶爾去外面的餐廳吃，還是會驚訝發現專家做出來的料理就是不一樣。

從松原通與烏丸通路口往西走，是餐飲店的一級戰區，「叶夢」也在這裡營業，店名唸作KAMU，他們的廣島風御好燒相當受到歡迎。

雖然店門口的紅燈籠上面寫著「廣島燒」，但是廣島當地人似乎不說廣島燒，而是稱之為「廣島風的御好燒」，不過我還是比較喜歡簡潔明瞭直接說「廣島燒」。

回到正題，叶夢店內有一般座位和日式圍爐座，不過一個人的首選還是吧檯座，可以一邊看料理在眼前的鐵板翻炒的樣子，一邊獨享御好燒。

雖然這是家御好燒店，不過菜色相當豐富，生魚片、番菜、炸物、鐵板牛排等等，幾乎所有菜色都寫在菜單上。飲品也不例外，日本清酒、燒酒、葡萄酒、雞尾酒等，各種酒類一應俱全。

入座後，我推薦點這個「辛苦了套餐」。

這個套餐可以選生啤酒或山崎的碳酸威士忌，另有分格盒裝的四種料理，總共一千日圓有找，非常划算。

一邊喝啤酒潤喉，東吃幾口生魚片或番菜，西看鐵板翻炒的料理，再慢慢決定接下來要點什麼，這就是「叶夢風格」的吃法。

我還是先菜後肉。沙拉的種類有很多種，而且菜單上也寫明有小份的，對於獨食客相當友善。我選了番茄朦豆腐沙拉，沙拉清爽的餘味讓齒頰生香，很適合當作御好燒的開胃菜。

在點御好燒之前還可以再加點一道。眼前鐵板煎出來的每一種肉看起來都很美味，雖然每天賣的部位都不太一樣，不過如果菜單上有的話，我推薦牛內側後腿肉或牛後腿肉等油脂少的部位。只要吃個一百公克就很足夠了，如果你的食量比較小，建議不要吃肉，直接點御好燒比較保險。

接下來，終於輪到廣島燒出場，喔不，是廣島風的御好燒，我點了簡單的豬肉口味。廣島風的特色是和麵一起煎，在叶夢可以選擇蕎麥麵、烏龍麵或綜合，也可以不加麵，價格便宜一百日圓。

周圍好多人都在吃御好燒，換煎我的御好燒時，不自覺探出頭引頸期盼，看得我直吞口水。

我把微焦的醬汁香味，與剛出爐熱騰騰的御好燒小心翼翼送入口中，慢慢咀嚼免得被燙傷，此時難以言喻的好滋味從舌尖擴散到齒頰之間。在京都品嚐廣島風，既愉快又美味。

China Cafe 柳華——摩登中式料理的一人晚餐

中式料理在很多人的印象中都很油膩、重口味，但近年不知道是不是為了招攬女性顧客，主打內部裝潢清新、料理清爽的店家越來越多，雖然紹興酒與重口味的菜更速配，不過這種適合搭配葡萄酒的中式料理也不錯。

我現在要介紹的餐廳不像其他中式餐廳，看不到多人圍坐在轉盤圓桌的景象，只會看到兩人隔桌對坐、面對面用餐，這種座位也比較適合一個人的晚餐。

從三条通與柳馬場通路口再往東行，左手邊可以看到這家「柳華」，外觀像是時髦的咖啡店，不過柳華是一家正宗中式料理店，近年在京都相當受歡迎。

不知道是不是因為店名的緣故，店門口種了一棵柳樹，門口通道另一側種了幾棵竹子，可以看到綠葉隨風搖曳。穿過夾道的柳樹與竹林走向玄關，這個通道很有越南小城市一隅的風情，今天的一人晚餐很有熱帶亞洲的情調。

一個人的晚餐總是伴隨著些許的緊張感，設計出這個放鬆心情的小通道真的很有幫助。

店內裝潢是復古摩登風，我不自覺神遊到了未曾見過的異鄉，心想美好的老上海大概就是這種氛圍吧。

店內桌椅都擺得很寬鬆，雖然沒有吧檯座，但是一個人也可以在沙發座享用自己的晚餐。

雖然柳華沒有提供單人套餐，但是「前菜三味」等屬於一人份的菜都會在菜單上另外註明，代表這家店一定很歡迎獨食客。

前菜三味拼盤是一人吃中式晚餐必點的一道，但是其他店賣的前菜都意外的高價。

中式料理店的單點菜大致上都會分小碗或中碗，就算是小碗也相當於三人份，即便請店家做成一人份的，價格也不會變成三分之一，所以這個價格其實不便宜。然而柳華的一人份前菜三味拼盤只要七百七十日圓，菜單上也標明魚翅湯單點一盅的價格，真的很適合獨食客來享用晚餐。

品嚐過前菜和湯品，接下來差不多該輪到小點了。小籠包、燒賣、餃子、豬肉包等各式麵點大致都有，我最推薦的是招牌香菇燒賣，香菇的香味與嚼勁讓燒賣的好滋味倍增，一人份總共有三個，份量剛剛好。

大力推薦這道沾鹽吃的精巧春捲。

接下來就要點主餐了，但是柳華的特色料理種類豐富，讓人非常猶豫。除了基本常見的中式料理外，也有季節限定料理，還有幾道特別使用了京都的在地食材。

這個時候就會感受到一個人的缺點，想吃的太多，胃卻只有一個，只能狠下心來做出取捨。

如果只能點一道料理的話，我想推薦砂鍋麻婆京豆腐。

京都獨特的嫩豆腐與花椒非常契合，豆腐對於胃的負擔也比較小，最後一道可用豆腐配飯或麵，不過既然來到柳華，最後可以來一道甜點。「柳華甜點寶箱」將十幾種中式甜點裝入方形盒，讓人看得賞心悅目、吃得津津有味，我特別想把柳華推薦給女性顧客。

奇天屋——整潔乾淨店內的天婦羅大餐

在京都吃天婦羅，好像很適合，又好像不太適合。

壽司、鰻魚、天婦羅基本上還是比較像東京的食物，與京都之間的連結很薄弱。不知道是不是這個緣故，京都的天婦羅專賣店寥寥可數。當然還是有一些知名的店，但這些店要不是比高檔更高檔的餐廳，就是兼賣天婦羅的非專賣店。那種在東京淺草常看到的天婦羅專賣店非常少，就算有也是從東京來的連鎖店。

我也不太喜歡網羅天婦羅或壽司的類懷石料理餐[15]，我想吃天婦羅的時候就只會吃天婦羅，壽司也是。

而且天婦羅最好就在眼前油炸起鍋，上桌後能迅雷不及掩耳地送進口中大嚼特嚼。

第一次造訪這家能夠大啖天婦羅、價格合理、環境整潔的店，並不是多久以前的事。

有一次我和朋友在東京的一家餐廳吃飯，正好聊到京都的天婦羅，我說了自己常去的餐廳之後，朋友就說那家店附近有一家好吃的天婦羅店，推薦我一定要去吃一次。我沒聽過這家店的名字，所以初時有點半信半疑，朋友又說那家店老闆非常好學，頻繁前往東京一家數一數二的天婦羅名店求教於名廚，我突然就萌生興致了。東京茅場町的那位名廚我早已久仰大名，既然受過這位名廚的薰陶那肯定沒問題，所以一回到京都我就速速去朝聖了。

店家位於四条烏丸附近，從綾小路高倉路口往西行，這家店隔壁的隔壁，就是我光顧無數次的「和食晴」（詳見一九二頁），我以往卻渾然不覺，過門而不入。這家店面如此低調的餐廳叫做「奇天屋」，正如我朋友所說，是家完美的天婦羅店。

第一次光顧的時候是午餐時間，我等不及正中午開店時間，第一個衝進店裡，選了吧檯最角落的位子坐下。

我在吃之前就已經很確定，這家店不會錯了。

首先是味道，完全沒有油煙味。

而且別說是吧檯，就連廚房都一絲不苟，檯面擦得乾乾淨淨。一家餐飲店最重要的就是整潔，大量用油的店家更是如此。

午餐只提供天婦羅和天丼，「上等」是一千三百日圓，「特上等」是兩千日圓。老闆說上等與特上等只有份量的差別，而我中午一向吃比較少，所以點了上等。我看著店主人手腳俐落開始備料，這段等待上菜的時間是吃天婦羅的一大樂趣。

我看到小托盤上有兩碟小菜、天婦羅醬碟子、鹽碟子、白飯和紅味噌湯，而吧檯的盤子上放了張懷紙，此時開始傳出油炸的聲音。沒想到這樣價格的店，老闆竟然不是整盤炸完送上桌，而是每個食

晚上專賣套餐，最好事先訂位。

材依序下鍋炸，先後上桌。

先上桌的兩條炸蝦都炸得很成功，一條沾鹽，一條浸到天婦羅醬中，再加上蘿蔔泥送進口中，味道非常爽口。雖然天婦羅比較像東京的食物，口味清淡這點還是很有京都的特色，想必他們在炸油上煞費苦心，才會幾乎聞不到油的味道。下一個是蝦虎魚，這種魚在京都很少拿來炸成天婦羅，蝦虎魚和下一道星鰻都炸得比蝦子更酥脆一些。海鮮天婦羅就炸到這裡，接著是白蘿蔔、金針菇、南瓜、地瓜等一連串的蔬菜，每一道都很下飯。

如此價格的店竟是這麼樣的慢工出細活，於是我當晚再次來報到，點了氣泡葡萄酒慢慢享用，細節我就不再贅述了。我敢肯定，想在京都一個人享用天婦羅的話，非這家店莫屬。

譯註

1 此處所指「和食」是與「洋食」相對的觀念，其下包括麵類、壽司、日本料理等，日本料理指的是餐廳內品嚐的高級料理，包括料亭、懷石料理等等。

2 日本在過年、賞櫻等重要節慶時用來裝料理的盒子，可以多層重疊並加蓋。

3 奈良醃漬是發源於日本奈良的一種醃漬法，將醃漬物浸入鹽中後，不斷替換新的酒糟。

4 餃皮形狀特殊，或是口味特殊的餃子通稱為花式餃子，有煎餃也有蒸餃。

5 二〇一四年的菜單上，雞肉和牡蠣的已經漲價了。

6 柴漬是京都三大醃漬品之一，會把茄子或黃瓜切碎後，加入紅紫蘇葉與鹽醃漬。

7 指的是雞肉炸過後沾上醋與塔塔醬的吃法。

8 這家店雖位於二条通，但店家使用的是繁體字的「條」。

9 壽司的單位，一個握壽司為「一貫」。

10 現在所稱的握壽司一般都是指「江戶前壽司」，壽司食材使用的是東京灣捕獲的海鮮，由於過去沒有冷藏技術，因此會趁海鮮新鮮的時候以鹽或醋加以保存。與江戶前壽司相對的是「大阪壽司」，做法是把海鮮和醋飯壓擠進木箱中，並切塊來吃，因此又稱壓壽司、箱壽司，保存時多會使用砂糖。

11 宇部牛是指在山口縣宇部市的品牌牛。

12 MOCHI是日本的品牌豬。

13 平安時代建都平安京（即京都）時以「洛陽」稱呼京城，演變至今，「洛」已經成為代指京都的詞。「洛北」代表京都北部，另外還有洛東、洛西、洛南等，都是大致的方位概念，沒有嚴格的界線。

14 趁尚未完全凝固便取出使用的一種豆腐，狀似朦朧的月亮，因而得名。

15 懷石料理原為日本茶道中，在品茗前所品嚐的料理，最基本形式為「一湯三菜」，通常是吃完一道才會接著上下一道，現在已經成為高檔的日式料理。

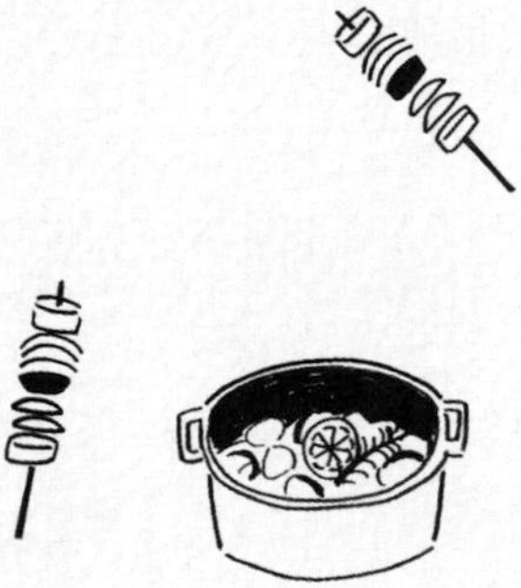

第三章　想專程拜訪的店

山家——雞肉與美酒的晚餐

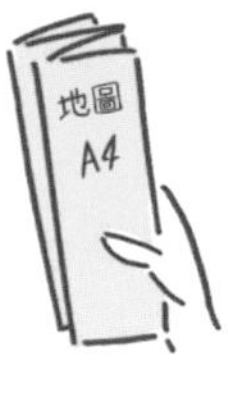

雞肉和京都的關係緊密，不亞於牛肉。

京都的雞肉專賣店和雞肉火鍋店並不少，而親子丼不知道從什麼時候開始變成了京都特色料理，市內隨處都可以看到排隊吃親子丼的隊伍。

比如說祇園下河原的「HISAGO」雖然主要賣麵食，但是最受歡迎的卻是親子丼，幾乎所有客人都會點親子丼。

如果是雞肉專賣店的話，新橋通的一條小路上開了一家「鳥新」，也很受歡迎，很多人專程來吃親子丼，隨時都在排隊。

或者是西陣，有一家老字號雞肉火鍋「鳥岩樓」，午餐時間的親子丼也很受歡迎，總是因為眾多觀光客而相當熱鬧。

每家店賣的親子丼，無論外觀或味道都不太相同，不過都一樣好吃，只是排隊的隊伍中恐怕不會有京都人的身影。

因為不喜歡排隊的京都人，早就知道不但不需要排隊，而且味道不亞於需要排隊的其他親子丼店。

近年來，京都有一種以排隊吸引人潮的歪風。很多觀光客都錯認有排隊的就是名店，再加上媒體又會特地報導予以好評，於是隊伍變得更長了，結果有些店甚至必須等待一個小時以上，不過是為了吃頓飯，卻耗去過多無謂的等待時間。

京都有很多景點名勝，如果有一個小時的空閒時間，更應該善加把握。無論是街上小吃店或烏龍麵店，一些不經意路過的店明明也能吃到好吃的親子丼，真是浪費時間……

京都人只會冷冷斜視隊伍，頭也不回。

話說回到雞肉，親子丼在京都之所以能如此出名，其中一個原因當然是美味的雞肉。醬汁的味道固然重要，但是主角雞肉如果不好吃，親子丼也不可能好吃。

為什麼京都的雞肉會好吃呢？這是因為京都是四面環山的盆地。盆地中央乍看之下雖然平坦，但其實坡地很多，也就是說京都的東、北、西郊外都已經可以算是山村了。

如此一來養雞人家當然不少，他們在款待重要客人時，常常都是直接宰食庭園裡的雞。也就是說，對以前的京都人而言，雞肉就是無上的佳餚。

隨著時間流逝、都市化發展，在自家院中飼養雞的人家急速減少，再加上現在也不太可能親手宰雞宴客，這個風俗便由雞肉專賣店承繼下來。

對雞肉相當挑剔的京都人之間，特別受歡迎的是雞肉鋪鳥京，鳥京後來多角經營，開了山家料理店。最後鳥京消失，只留下了山家。

除了雞肉料理，大量使用當季食材的其他料理也都有一定好評，山家溫馨、平和的氣氛更吸引了為數不少的客人。

一個人來，當然要選吧檯的座位，可以一邊欣賞老闆的廚藝，一邊慢慢品嚐京都在地精釀酒。去洛北鞍馬、貴船、大原觀光的回程很適合來一趟，特別推薦給愛吃雞肉的饕客。

山椒雞肝風味十足，非常下酒。

串揚 ADACHI ——在地氣息串揚店的打牙祭

位於北大路、新町通路口附近的「串揚ADACHI」，幾乎都不會見到觀光客的蹤影。

這家店開在北大路上一棟大樓的一樓，但是串揚ADACHI的店面很不起眼，一不經意很容易過門而不自覺，許多觀光客會錯過這家店，也是在情理之中。

從串揚ADACHI步行到洛北觀光起站的北大路轉運站，大約需要五分鐘，步行到古寺大德寺大約十分鐘。

公車或地下鐵都會行經北大路轉運站，所以只要交錯使用這幾種交通工具轉乘，就能輕鬆抵達洛北的重要觀光勝地。比如說從北大路轉運站前往代表京都的觀光勝地金閣寺，搭２０５公車只要十幾分鐘，前往知名藝術流派「琳派」的據點鷹峰一帶，搭北１公車大概二十分鐘左右。往大原、鞍馬、貴船的話，可以搭地下鐵烏丸線到國際會館站，再轉乘京都公車。

北大路轉運站是連接洛北與市中心鬧區的中繼點，洛北遊結束之後到北大路用餐不但順路，還可以品嚐在地人喜愛的滋味，可說是一箭雙鵰。

搭上順時針行駛的205公車，參拜完金閣寺或大德寺的回程，如果已經到了晚上時分，不妨在北大路新町站下車，沿北大路通南側走，找到掛著黃色暖簾的串揚ADACHI，入店品嚐美食。

店家外觀並沒有什麼京都風格的設計，不過掀起暖簾進入店裡，還是會發現這裡很像京都，店內明亮、氣氛高雅，與大阪的串勝店大異其趣。

雖然店裡也有一般座位和榻榻米座，不過串揚店的特等席就在吧檯，再加上如果是獨自一人前來的話，能夠就近看到油炸過程的吧檯自然是上上選。

串揚ADACHI只有晚上營業，雖然有賣普通套餐，但我推薦「主廚推薦套餐」，廚師會依序炸出將近三十種食材的串揚。

我不太喜歡在義式、法式餐廳點主廚推薦套餐，更不用說割烹了，但是在串揚或壽司店通常都會點。因為每一串都是未知，心中總是充滿揭開謎底前的期待，而且可以根據自己的步調加量或減量。

年輕的時候我曾經一次征服三十串，但是現在差不多只能吃二十串，二十串其實也很足夠了。除了蝦子、豬肉、牛肉這些基本款，還有使用當季食材的香菇灰海鰻，以及必須費工處理的鮭魚親子串。盡情享用各式各樣的串揚後，就可以回去住

鮭魚親子串等創意料理是這家店的特色美食。

處，有時候也可以試試這種不一樣的一人晚餐。

變形L字吧檯的中間區域是特等席，可以一邊享用美食，一邊就近欣賞穿著藍色工作服的老闆一串一串放入油鍋炸，真是愉快的一頓晚餐。

串揚ADACHI是在地人愛店，用的自然都是真材實料，串揚的尺寸都比較大，如果不是大食怪，恐怕很難一次征服所有種類。

不同的季節也會出現小香魚、竹筍，另外還有必點熱門菜墨魚汁燉飯，可以搭配串揚，嘗試看看串揚ADACHI風格的串揚吃法。

洛北觀光結束踏上歸途前，務必來這家串揚店品嚐品嚐。

和食庵 SARA ——輕鬆享用洛北第一的割烹

在京都想要吃和食的話，通常都要跑到市中心，雖然洛北、洛西等外緣區域有時也會有些好店，但主要是供宴會用，或者關店時間太早，大多數都不適合一個人的晚餐。

於是我在住處附近尋找自在放鬆、價格公道，又能嚐到四季割烹料理的店家，最後找到了這家「和食庵SARA」，在洛北恐怕沒有其他家割烹，能夠讓人如此放鬆品嚐。

雖然說放鬆品嚐，但是料理本身是很道地的，種類之豐富，絲毫不遜於祇園一帶的割烹。

店家所在位置是今宮通、新町通路口的西南一隅，沿著今宮通往西直行會抵達這條路名的今宮神社，南邊則有一間大德寺。今宮通如果往東會走到賀茂川，再繼續往北會抵達上賀茂神社，往南則是下鴨神社，換句話說，這個地理位置很適合洛北觀光。

店家雖然是近代建築物，但一踏入店內，就能感受高雅的氣氛，可以放鬆地在這裡享用一個人的晚餐。

我脫下鞋子進入店內，走向一樓最裡面的吧檯座。一、二樓的座位很多，但是L字形的吧檯只有七個位子，來之前最好先訂位。

這家店的經營者原本主要就是在經營魚鋪，所以到這裡務必要多點魚料理。

光是看一般菜單就讓人猶豫不決了，當日推薦菜單的種類更是豐富，獨食客肯定會一直盯著菜單不放，煩惱著該點些什麼。

我前面已經提過，祇園這一帶的割烹店，近年清一色只賣主廚推薦套餐。客人能夠自由選擇的只有價位，實在太索然無味。任誰都會希望能根據當天的感覺和胃口，選擇自己想吃的料理，決定自己的晚餐該怎麼吃。

既然如此，就該來和食庵SARA。這裡不但可以選主廚推薦套餐，也可以自己從菜色豐富的單點菜單上點菜，以自己的步調決定自己的晚餐菜色，真是令人欣喜。

自由選擇真的是要事一件，對於只想順從自己步調的獨食客而言更是求之不得。

點酒之後會先上小菜，接著可以點前菜八寸拼盤[2]，一人份的前菜呈現出當季色彩，擺盤也很有格調。我通常都是邊吃前菜，邊悠哉品嚐氣泡葡萄酒，然後再回來與菜單大眼瞪小眼，思考接下來要點什麼。

有時候會有幾種時令鮮魚列

先點八寸拼盤，再慢慢想接著要點什麼。

在菜單上。

入夏有香魚和灰海鰻，入冬則有螃蟹與河豚，各種川珍海味與京都在地蔬菜的品項豐富，再加上鹽烤牛舌、日式炸雞等居酒屋常見的菜色，讓人晚餐吃得放鬆。

令人開心的是菜單上會寫明每道菜的價格，畢竟如果是一個人的晚餐，沒有特殊的原因通常都不想讓荷包失血過多，也慶幸這家店有很多一千日圓以下的菜可以點。

我推薦這家店還有一個原因，很多客人都是住附近的常客，觀光客反而比較少。京都的一個人晚餐成功無憾的第一祕訣，就是選擇這種在地人長年偏愛的店家。

烏龍麵屋 BONO ——番菜與烏龍麵的晚餐

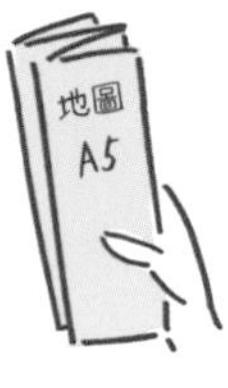

我長年來一直認為烏龍麵、蕎麥麵這些麵食適合午餐吃，如今真的非常憤恨自己的腦袋竟然如此僵化。

我以前只想到要把麵食當一餐的主食，但其實先東吃西吃最後一道再吃麵食，一點也不足為奇。簡單來說，我吃中式料理的時候便是如此，也從沒想過為什麼不。

中式料理套餐的最後一道菜，我通常都會不假思索選炒飯或湯麵，點湯麵的次數也不勝枚舉，但不知道為什麼從沒試過最後一道菜點烏龍麵作結。

雖然吃火鍋的時候會在最後把烏龍麵加入湯中，我卻一直沒在吃和食的時候想到烏龍麵，但真會一試成主顧。京都烏龍麵的湯頭都很美味，適合當作最後一道菜。

話雖如此，在最後一道之前的料理也必須要很豐盛，不然稱不上是吃一頓晚餐。

街上的烏龍麵小吃店通常都不會賣太費工的主餐，所以不適合。某些居酒屋有賣適合當最後一道的烏龍麵或蕎麥麵，但是這些麵食的附屬性質濃厚，想當然也與烏龍麵專賣店的相差了一截。

我總是在想，如果烏龍麵專賣店至少在夜晚時段提供一些費工的主餐，讓我慢慢配酒品嚐，最後再吃一碗小碗的烏龍麵，不知道該有多好。尋尋覓覓，後來在一個意外的地方，找到我心目中的烏龍麵店。

有一家我很熟悉的熱門店「烏龍麵屋BONO」開在下鴨本通上，位於下鴨神社稍北的地方，中午時間常常會排隊，我也聽說這裡的高湯清淡，很有京都味，麵條又是很有嚼勁的讚岐麵，兩者一拍即合。但是我很不喜歡排隊，所以總是遠觀而已。

後來我聽說這家店晚上會變成菜色豐富、主餐齊全的類居酒屋，而且事先訂位還會提供酒品的時候，我二話不說就來報到了。

一到店門口，立刻就先聞到高湯的香味，讓我食慾大開。

這家店的午餐時間應該如混戰一般人聲鼎沸，但是入夜後卻變成氣氛祥和的類居酒屋。店內雖然也有一般座位，不過一個人當然要選吧檯。

一般菜單與午餐時段的相同，烏龍麵種類繁多，而另外還有一張是晚餐時段的小菜菜單，看到這一張我真是如獲至寶。

菜單上列了：香炒「出町IZUMO屋」豆腐渣、九条蔥的豚平燒[3]、香嫩魩仔魚高湯蛋捲這些感覺很下酒的料理。

第一道可以先點番菜三味拼盤，不過在這之前，他們會先送上招待的小菜，很像是烏龍麵店的作風。

碟中熬過高湯的小魚乾和著蔥與薑，只要再加上柴魚醬油，就是一道完美的下酒菜了。

獨食客應該會很慶幸這裡的沙拉可以點小份，再吃幾道雖非烏龍麵店主食、美味卻有過之而無不

這家店距離下鴨神社非常近，午餐時間常常要排隊。

及的料理後，最後一道可以點小份的烏龍麵，熱的有咖哩烏龍麵、冷的有豆皮濃醬烏龍麵等，也難怪午餐時間會排隊。

在知名烏龍麵店的一個人晚餐，是很有京都味的選擇。

聖護院 嵐MARU ——無所不能的居酒屋

京都的岡崎地區聚集了平安神宮、美術館、動物園等各種類型的觀光景點，除了觀光之外，這一帶也開了許多美味的餐廳，因此近年備受矚目。特別是其中的聖護院附近，也就是東大路通和丸太町通路口熊野神社的四周，陸陸續續有新店開張，總是人聲鼎沸。

聖護院四周餐廳，大多都比祇園餐廳更輕鬆簡單，料理道地卻不裝模作樣，氣氛幽靜得很「京都」。

堪當這一區先驅者的就是這家「聖護院 嵐MARU」。從東山丸太町路口南行，過了第一個巷子之後往左手邊看，嵐MARU就開在東大路通上。

店名的唸法是「RAN MARU」，這個「嵐」應該就是取自暖簾上寫的「春夏秋冬美味之嵐」吧。

嵐MARU的入口窄但是內裡長，格局是典型的「鰻魚的睡鋪」。入店後右手邊是吧檯座，店家採用的是開放式廚房。最裡面還有榻榻米座，不過一個人來吃晚餐當然要坐吧檯。

「美味之嵐」此話確實不假，看看菜單就知道了，第一次來的食客大多都會很吃驚，沒想到竟然有這麼多種料理。

聽說老闆常常去釣魚，所以魚肉品質自然有保證，肉類也經過嚴選，絲毫不馬虎，吃法更是五花八門。

我暫且放下讓我猶豫不決的菜單，決定先來選酒。既然主要餐點是和食，所以最推薦日本清酒，這裡的酒類品項非常豐富，最明智的點法就是告訴老闆你的喜好，請老闆推薦。除了日本清酒還有燒酒和葡萄酒，我是葡萄酒派，自然要點氣泡葡萄酒，不過不會指定品牌。

「泡沫較多，口感嗆辣。」

不只是這家店，不管我去哪裡，都會先跟店家說自己的喜好，並請老闆推薦。日本清酒也是一樣，如果沒有特別指定的牌子，可以告訴店家自己的偏好，口味要嗆辣或甘甜，口感要清爽或濃烈，香氣要濃郁或淡雅，我覺得這就是在餐廳選酒的訣竅。雖然我不喜歡主廚推薦套餐，但是酒類一定會請店家推薦。

選好酒就該選餐點了。這家店的標準吃法是先從生魚片拼盤開場，而且應該會配成一人份給你。老闆畢竟是釣客，所以絕對不會錯選魚類，有時候還能吃到狀態絕佳的生魚片。

接下來如果不知道該點什麼，可以選番菜拼盤，只要先說不敢吃的或自己的偏好，剩下的就全權交給老闆，這就是一個人坐在吧檯吃晚餐的最大樂趣，可

招牌「田螺盤烤蝦與章魚」，搭配麵包吃真是絕配。

以依個人喜好盡情吃吃喝喝。

各種魚類可烤可煮可炸，魚料理的吃法有趨近無限大的可能。而且嵐MARU還有賣黑毛和牛，可以直接烤來吃，也可以做成京都風厚切炸牛排。菜類也有很多在地小農出產的鮮蔬，很令人猶豫不決。最後一道可以點壽司，炒飯也很適合。

嵐MARU的老闆是走吃美食社團「京都午餐俱樂部」的領頭人，對於京都店家的資訊都很清楚，如果想打聽京都美食的資訊也很適合來這裡。饕客老闆所做的料理，包准是佳餚。

牛排 SUKEROKU——觀光勝地的一人晚餐

京都一日遊如何安排呢？大家想的應該都差不多，上午、下午是觀光行程，傍晚回下榻處一趟之後再出門吃晚餐，所以大多會在祇園、河原町、烏丸一帶的鬧區用餐。

如果當天就要踏上歸途，則會從觀光景點直接出發，在京都車站附近吃晚餐。

如果是上述幾種情況的話，自然不太會涉足偏離市中心的餐廳。就算店家再怎麼赫赫有名，一想到遙遠的路程，大多數人還是會踟躕難前吧。

其實如果稍微改變一下想法，選擇就更多了，你也不必再踟躕猶豫，能夠吃自己心中想吃的那家餐廳。

比如說一天的最後一個觀光行程是京都的必訪景點金閣寺，何不直接在附近的餐廳享用一個人的晚餐呢？

在金閣寺參觀到閉門時間五點，在寺門前的紀念品店選購禮物，再慢慢朝餐廳前進。這家餐廳是「牛排SUKEROKU」，京都西餐的代表名店。

從金閣寺前的交叉口，沿著西大路通往南前行，走了一百公尺左右到「蘘天神前」交叉路口，左轉「蘆山寺通」繼續前行，在第二條巷子右轉就會看到招牌，從金閣寺走過來大約十分鐘。

一家獨棟的餐廳就矗立在寧靜的住宅區中，正如店名所示，這是一家主打牛排的西餐廳。

小而美的餐廳中整齊擺放著幾張鋪上紅桌巾的桌子，吧檯只有三個座位，獨食客會依據當天人潮被帶到其中一種座位，這家熱門店的座位很少，所以一定要事先訂位。

店名雖然有「牛排」兩個字，不過SUKEROKU不是牛排專賣店，晚餐菜單從西餐廳必備的蛋包飯、牛肉燴飯等飯食，到主餐為漢堡或厚切炸牛排的套餐等等，這些正宗西餐在SUKEROKU都能以很親民的價格享用到。

或者你也可以在訂位的時候，告知自己的預算和想吃的餐點，請店家配套餐給你。

某個夏日夜晚，我請主廚替我配套餐，吃到了許多美味佳餚。

首先是三道法式前菜：燻鮭魚、馬鈴薯沙拉、黃瓜沙拉，三道都很小份，是絕佳的西餐開場組合，而我搭配的當然是氣泡葡萄酒。

這個夏日夜晚所提供的湯品是馬鈴薯冷濃湯，湯頭經過費心熬煮，並冷卻至恰到好處的溫度，這道好湯讓人瞬間胃口大開。

接下來是炸蝦一條和奶油可樂餅一個，我在熱騰騰、酥脆脆的炸物上擠點黃檸檬，趁熱慢慢品嚐。

接著是漢堡與厚切炸牛排，份量都偏少，多蜜醬汁厚厚覆蓋在主餐上，可以嚐到濃稠醇厚的好滋味，盤中的配菜沙拉也採取正宗的做法，味道很道地。

最後一道是蝦抓飯，抓飯炒過蝦米後散發奶油的香味，是令人懷念的老滋味。吃完飯後以甜點「傳統

1954 年創業以來的招牌：牛排。

布丁」結束這一頓晚餐，真心覺得酒足飯飽。能在歡迎獨食客的店中品嚐到西餐套餐，感覺很幸福。

喝得微醺去搭公車，飄飄然返回下榻處，去郊外吃晚餐的話，回程也難免如此了。

神馬——正宗居酒屋的一人時光

居酒屋到底是什麼？細細想來，居酒屋真是種不可思議的餐廳型態，割烹或小料理屋的主角就是料理，然而若說居酒屋的主角是酒，好像也不盡然，居酒屋和割烹、小料理屋之間有一個灰色地帶。

最近常聽說時下年輕人都不太喝酒了，而且大多都是居酒屋老闆的感嘆。

「我們料理的調味都比較適合當下酒菜，我覺得不喝酒只吃飯的人會吃不慣……」

此話正是，居酒屋的小菜如果拿來配飯吃，味道應該會太重。

如果不喝酒，就不該來居酒屋，應該去其他適合的餐廳。

「雖然不能喝酒，但是喜歡居酒屋氣氛的年輕客人越來越多了。」

居酒屋的老闆好像也只能苦笑了。

天生不能喝酒的人自然不該勉強，但是如果去了居酒屋，多少還是該意思意思喝一杯。然而有一家居酒屋不同，客人總是和樂融融、熱熱鬧鬧，自發性地飲酒作樂，這家店就是「神馬」。

從一条千本交叉路口往南走，神馬就在你的右手邊，以前是絹織品重鎮「西陣」的權貴老爺御用愛店，然而現在不僅止於京都，全日本各地都有粉絲慕名而來，相當受歡迎。

雖然統稱為居酒屋，居酒屋也有百百種，有些是以低價取勝的全國連鎖店，有些是後車站常見的、站著喝的居酒屋。居酒屋基本上都很適合獨自前往，但是舒適程度又是另外一回事了。如果其他客人發酒瘋大聲嚷嚷，則不免惱人，如果有人老是愛裝熟搭話，也令人坐立難安。

舒適的居酒屋，用現在流行的話來說就是「大人的居酒屋」，這種居酒屋就很適合一個人的晚餐。

神馬就是這種居酒屋的化身，不但氣氛溫暖，客人水準也高，一個人來到這裡，像是沐浴在平和的空氣之中，心情也會平靜。

「大人的居酒屋」其實也可以稱之為「酒亭」，而一個酒亭的先決條件，就是菜色樣樣俱全，而且樣樣美味。

我介紹神馬給幾個親朋好友，並詢問他們感想如何，他們異口同聲說「非常美味」，甚至有人說「太美味了，XX根本沒得比」。順帶一提，XX是京都數一數二的割烹店，一位難求的程度眾所皆知，依然有許多人心嚮往之。

我坐在圍著廚房的吧檯環視全店，看到附近各種菜單，包括貼在布告欄上的細長紙條、白板上的手寫字跡、超市大特賣的時候常看到的紙條，清一色全是美食，光是看到這些菜名就覺得飢腸轆轆。

時令海鮮、生魚片、燒烤品、蒸煮魚肉應有盡有，茄香鯡魚、醋漬小菜、醋漬鯖魚等居酒屋必備的菜色當然也不會少；另外是很有京都味的厚切炸牛排，或者合鴨胸肉、甲魚火鍋，應有盡有，任君挑選。不知道怎麼選擇，可能是在這家店最快樂的煩惱。

這個也想吃，那個也想吃，但是胃只有一個，其實淺酌加熱酒，讓胃袋休息後再戰也不賴。這就是在代表京都的居酒屋所品嚐的一人晚餐，是大人才懂的享受。

串揚 toshico ——隱密的串揚店

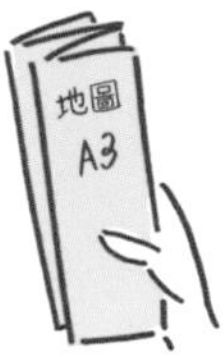

一個人的晚餐比較適合吧檯座，放眼京都之外的地方也是如此，如果能夠就近看到主廚展現廚藝，並在這過程中找到一些聊天話題，讓我從吧檯與主廚隔空對話就更愉快了。

一人晚餐的最大危機是等待的時間，如果等待的時候突然湧上孤獨無依、形單影隻的感覺，快樂的晚餐時間也會染上悲傷的色彩。

如果主廚就在吧檯內烹飪，我就在吧檯外享用美食，這樣一切都會很順利，但有時候氣氛會變得很凝重。

我有一次去到一家壽司店，從開始用餐到結帳買單，眼前握壽司的老闆都不發一語，臉上也不曾展露笑容，整排客人也全數沉著臉默默喝茶，在我心中留下了遺憾。

但是這家壽司店並非總是如此，我看了一位常客的部落格，發現主廚笑容滿面，邊握壽司邊講笑話。想必這位老闆比較陰晴不定，所以如果運氣不好的話，可能一整個晚上就泡湯了。

開在洛北高中十字路口附近的「串揚toshico」，就完全不需要有這層顧慮，只要來這裡就可以吃到美味的串揚，度過非常美好的一晚。

從北大路通與下鴨本通的交叉路口往北走幾步，左手邊就是串揚toshico。店家是重新翻修古民家的建築物，外牆一片漆黑，像是一個祕密的藏身之所。看他們的外觀還以為是很挑客人的店，進到店裡才發現氣氛一變，他們很溫暖地迎接來客。

挑高的天花板下有幾根粗梁，梁下是L字型的吧檯，中間有一個開放式廚房，擦得晶亮的不鏽鋼令人印象深刻。

很多串揚店都會一路炸到客人喊停才為止，很容易一串接一串吃太多，到下半場常常要邊吃邊注意自己花了多少錢。

而toshico提供的都是串數固定的套餐，所以不需要擔心。

吃少的話是七串，吃飽的話是十五串，當然我推薦十五串。

葡萄酒和串揚很速配，白酒、紅酒、香檳都可以一杯一杯單點，不但品質好，價格也很有良心。點了葡萄酒後，等待串揚起鍋就是在串揚店的一大享受。

吧檯上放著一整組的生菜、四格沾醬、墊著薄麵包的串炸盤。

這十五串在我眼前依序下油鍋，起鍋後會放在麵包上面，讓麵包吸走過多的油。竹籤則會指向其中一格沾醬，就代表這一串可以沾這一格的醬品嚐。

除了明蝦之外，還有幾種串

室內設計很有現代感，在這裡吃串揚配葡萄酒最有情調。

炸常見食材、組合當季食材的特製串先後入鍋，串串都費工，串串都美味。不過我推薦這家店還有其他原因。

整潔無比的廚房中有一套音響設備在鎮守，還有一個貼牆的CD櫃，老闆跟隨著音樂的節奏一起動作，彷彿在跳一支串炸之舞。看老闆雀躍地炸食物的樣子，客人也為之心情愉悅，不自覺跟著節奏一串串吃下肚。

在一串與一串之間的空隙還上了幾道碗裝小菜、碟裝小菜和法式長棍麵包佐橄欖油，最後還有類似茶泡飯的「茶泡串」。串揚本身美味不必說，就連等待時間都值得期待，toshico真是為一人晚餐量身打造的串揚店。

IN THE GREEN ——植物園前的悠閒晚餐

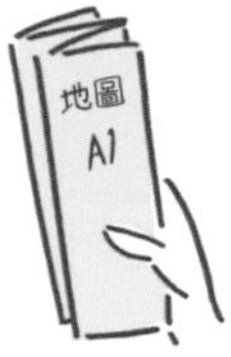

一個人要吃晚餐的時候，都會下意識選擇比較小的店。大的店裡多半是家庭聚餐、朋友聚餐，他們歡聲笑語、熱熱鬧鬧共進餐點，顯得獨食客特別尷尬。

一個人看起來是不是特別孤單？在別人眼裡，是不是很像沒家人、沒朋友的可憐蟲？是不是像在吃一頓自殺前的最後晚餐？

諸如此類，一個人操心太多，又過度在意他人的目光，實際上其他客人多半一點都沒把獨食客放在心上。

人會在意他人眼光，是因為自己所處的空間是一個封閉的店家，如果身處在開放的空間之中，照理說就不會在意其他人的眼光了。

有一家寬敞開放的店，雖非完全開放的空間但亦不遠矣，就是緊鄰京都府立植物園的「IN THE GREEN」。

京都市唯一的植物園「京都府立植物園」於一九二四年開園，是歷史相當悠久，第二次世界大戰後被同盟國接收，而後浴火重生於一九六一年重新開張。

植物園的西側有賀茂川流經，是一個讓民眾能在綠意盎然中漫步的重要空間。

園內有溫室，種滿了形形色色的樹木、名貴的花草，全年都值得入園參觀，春天的櫻花與秋天的紅葉更是一絕，但是意外地鮮為人知，如果有人要我推薦賞櫻、賞楓的私房景點，我一定會毫不猶豫就說這裡。

植物園既是京都府民的休憩場所，也是頗受遊客歡迎的觀光景點，這裡有三個出入口，IN THE GREEN這家比薩店就位於北山門的旁邊。

地下鐵烏丸線北山站附近，位於植物園入口旁，是相當開放寬敞的空間。

首先只能說這裡真的非常寬敞，室內、室外總共有一百二十個座位，一眼望去都是桌椅，到了旺季會全部客滿，人滿為患。大片玻璃窗外看得到綠意盎然，此外還有完全開放的露天座。

在這樣的空間中，根本不會有人在意誰是一個人，可以安心地享用自己的晚餐。

座位種類有一般座位、吧檯座、冬天也開放的露天座等，看帶位到哪裡就隨座而安，不管是什麼位子，都能順利融入店內氣氛。

北山通的夜景與植物園的綠意，都是享用一人晚餐時的視覺饗宴。

在這裡很適合隻手拿杯葡萄酒，店家平常提供的葡萄酒有數十種，氣泡葡萄酒也可以一杯一杯單點，對獨食客是一大福音。

IN THE GREEN是家比薩店，基本菜色也都是義大利菜，除此之外還有各式各樣的歐洲料理，五花八門的菜色讓人沉浸在快樂的猶豫之中。因為團體客人多，所以餐點份量也不少，最好在確認份量後再點餐。

我推薦前菜點橄欖和沙拉，主餐選炸魚薯條或米蘭風炸小牛牛排，如果還有胃口的話，務必要再吃個窯烤比薩，推薦普通的番茄口味瑪蓮娜。瑪蓮娜的大蒜和羅勒香味十足，包准葡萄酒一杯接一杯。

黑暗中若隱若現的綠意，以及來往北山通的車頭燈都是不錯的景致；不過呆望著大批客人開心用餐的樣子，也讓人心情很放鬆。

沒來過IN THE GREEN的人，務必來感受一回不同於小店的氣氛，悠閒地品嚐一個人的晚餐。

譯註

1 商家會使用的布簾，布上通常會印上店名，懸掛在店門口時代表正在營業中。

2 懷石料理中使用的一種八寸大木盤，後來使用這種木盤盛裝的料理，也稱之為八寸。

3 發源自關西，在蛋汁中加入豬肉或高麗菜等食材，最後整個翻捲起鍋，加上美乃滋或其他醬汁享用。

4 經改良的混種鴨，日本餐廳中常常使用合鴨入菜。

第四章

化身在地人品嚐美食

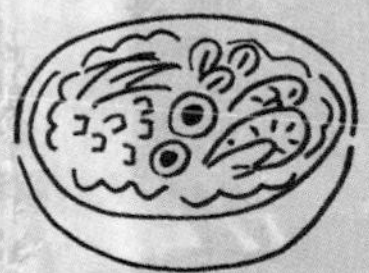

Saffron Saffron ——獨棟町家餐廳的隨興西餐

我覺得在京都率先掀起西餐廳第三波革命的就是這家店。

從烏丸佛光寺路口出發，沿著佛光寺通往東前進，會看到一家木造外牆的店，入夜之後店名「Saffron Saffron」就會映照在強燈之下，這家餐廳不分晝夜，總是熱熱鬧鬧充滿在地食客。

西餐廳往往讓人繃緊神經，但是這家店的室內裝潢簡潔，氣氛也像棉花一樣蓬鬆鬆、軟綿綿。

說到西餐廳，很多人會連想到大展廚藝的年長大廚，而且總是面有難色的樣子，再加上餐點份量都很多，年輕女性獨自一人的話，可能會很猶豫到底要不要走進來。

京都的西餐廳也沒有例外，大部分餐廳都讓人難以放鬆的閒聊或是用餐，只能沉默地吃完後盡速回家。

近年京都陸續開了幾家西餐廳，沒有咖啡店那麼休閒，也不像老字號西餐廳般氣氛凝重，而且料理又道地又美味，真是一大好消息。

京都的西餐從花街走進大街小巷，而如今又增添了隨興的色彩，一波又一波承先啟後。

進入店裡，一樓有十個吧檯座，氣氛不像是西餐廳，而是咖啡廳，這裡很適合度過一個人的晚餐時光。

爬上很陡的樓梯來到二樓，有四張四人座的桌子，三組改良成日式圍爐的榻榻米座位。矮矮的天花板上可以看到粗大的梁，想必這裡以前是傳統的京町家。

除了氣氛輕鬆，菜色也零負擔，很多白飯、湯與沙拉的套餐，晚餐時段也有不少組客人各自點一人一客的定食。從這個層面來說，Saffron Saffron很適合一個人的晚餐，道理與「午餐時段一人一客各自吃很普遍」相通，晚餐時段在這家店獨自吃飯也不用擔心周遭的目光，可以吃得很自在。

仔細想來，過去好像從來沒有這種類型的店。

以前的餐廳中，就算午餐時段有主餐、白飯、味噌湯的套餐，到了晚餐時段，提供的料理基本上都是必須能下酒的，而且料理幾乎全部都只能單點，如果有需要的話也可以單點白飯，但是很少店如同Saffron Saffron把味噌湯列入晚餐時段的套餐中。

也就是說Saffron Saffron二十四小時貫徹「西餐廳」的身分，並把晚餐定位為「美酒配套餐」的時間。

女性和年輕顧客熱愛的店，吃得到道地的西餐。

我總是邊吃晚餐邊工作，所以選了二樓的一般座位。周圍幾乎都是情侶檔，其他還有家庭聚餐、女性聚餐，從沒看過清一色男性的組合。這樣的客群結構，可能繫因於Saffron Saffron全面禁菸、價位親民以及菜色組合吧。形塑店家氛圍的是客人，女性顧客居多的西餐廳，就連味道也更符合女性喜好。

漢堡、炸蝦、奶油可樂餅等正宗的西餐都好吃，而且組合套餐中不會只附一道菜，而是附了兩、三道，所以可以東吃西吃。

我點了沒有白飯的套餐搭配葡萄酒，最後一道會點咖哩飯或蛋包飯。Saffron Saffron不但貨真價實，又能飽餐一頓，實在令人心滿意足。

Bistro WARAKU 四条柳馬場店

——小餐館鐵板料理的視覺饗宴

我不是很清楚「Bistro（小餐館）」指的到底是哪一種店，不過粗略來說，定義為「以食物為主的西式居酒屋」應該是沒有爭議的。

輕食酒吧[1]與小餐館雖然很相似，但是前者是以酒為主的西式居酒屋，這樣說我想雖不中，亦不遠矣。

四条附近是小餐館與輕食酒吧的大本營，這樣講很失禮，不過我覺得每家店的相似度很高，菜單也都大同小異。

而「Bistro WARAKU四条柳馬場店」殺出重圍，使用開放式廚房的鐵板烹飪，並設計出獨特菜色，因而吸引了不少食客。店家位置就如同店名，是位於四条柳馬場路口稍北的地方。

店門不是很寬敞，裡內卻很狹長，格局如同鰻魚的睡鋪。

走進店裡，左邊是開放式廚房，一排吧檯座貼著廚房，這種空間設計在京都相當常見。獨自前來的話可以坐吧檯或右手邊的一般座位，吧檯沒有禁菸，不喜歡菸味的人可以坐一般座位。

一般菜單與每日推薦菜單的菜色並不多，不過麻雀雖小，五臟俱全，想吃的大多能在菜單上找到。

第一道推薦點蔬菜棒，從合作農園直送的蔬菜非常新鮮，即便是不喜蔬菜如我，也不禁驚嘆其美味，而且外觀賞心悅目也很加分。我之所以討厭蔬菜，起因於蔬菜的視覺單調，而顏色鮮豔的蔬菜讓人胃口大開，沾一點美乃滋調味醬一起吃，吃再多都不嫌膩。

前菜還可以點很有京都味的柴醃漬馬鈴薯沙拉。

難得坐到鐵板前面，當然要看廚師在眼前烹調。

首先是海鮮。以奶油煎時令鮮魚煎得酥脆，非常美味。點馬頭魚、秋刀魚或者夏天的灰海鰻都不錯，沾一點四季不同的沾醬送入口中，品嚐專屬鐵板小餐館的獨特滋味。

秋天的晚餐時段還會賣香草麵包粉烤秋刀魚，擠上酢橘，味道清爽如和食一般，讓人一瞬間忘了自己置身於小餐館。

但是能看出鐵板小餐館真本事的，還是肉類料理。Bistro WARAKU不需要品牌牛[2]的加持，牛肉不分產地，只要在厚厚的鐵板上用心烹調，就能煎出如此美味，這家店就是最佳榜樣。

我也點了蒜片，一邊品嚐牛肉與大蒜的美妙組合，一般欣賞眼前的鐵板秀，覺得心滿意足。

最後一道堪稱是這家店的看家本領，蛋包飯。

如果胃口還好，可以點一般大小；如果已經微飽了，也可以點小份的。午餐吃蛋包飯並不稀奇，不過卻意外地很少在淺酌的晚餐後吃蛋包飯。可喜的是這裡的蛋包會綿密厚實包覆整個飯，不是時下流行的滑嫩蛋包。

最後一道除了蛋包飯，也可以請他們特製一人份的義大利麵或燉飯，先決條件是店家忙得過來、時間允許的話。

獨食客畢竟還是很需要運氣與熱情的。

主廚在眼前大展鐵板秀，色香味俱全。

Ittetsu Grazie——獨自攀登「肉的階梯」

近年京都掀起了一波出乎意料的「吃肉熱潮」，主賣牛肉且主推肉類料理的店家陸續開張。

這些店家持續開拓熟成肉、牛肉懷石、生炸牛肉等前無古人的新大陸，或者乾脆買下全牛，費盡心思提升肉質或致力於各種可能。

這些新店的特色就是為了吸引更多女性顧客，裝潢設計得更新潮，菜單結構也更能滿足女性需求。此外，也有很多店家為了接收單客做出許多改變，所以出現以往不曾出現的餐廳類型。

因此京都之旅也漸漸有一股「一人晚餐要吃美味肉品」的風潮成形。

四条高倉路口的北邊，比大丸百貨再北一點的「Ittetsu Grazie」正是代表這股風潮的典型餐廳。

這一帶是餐飲店的兵家必爭之地，每家店都爭奇鬥豔希望吸引更多顧客，相較之下Ittetsu Grazie低調的外觀更討人喜歡。

Ittetsu Grazie從外觀與氣氛來看都不像輕食酒吧，格調更像是英國的PUB，如果沒有鑲嵌在桌內的鐵網，完全看不出是家燒肉專賣店。

走進店裡，左右有幾張四人座位，再往裡面走，就可以看到右手邊的吧檯座，這是一人晚餐的特等席，椅子是設計給情侶檔的雙人椅，不過也很歡迎獨食客。

在Ittetsu Grazie我想推薦葡萄酒，杯裝的紅、白酒品質都很好，更可喜的是，如果我點杯裝氣泡葡萄酒，店員會幫我盛到滿為止。如果只有一個人，最合適的飲法是先喝氣泡葡萄酒，再品嚐過了醒酒瓶的紅酒。

既然都有「一來就吃！牛排」這種不吃前菜直接吃牛排的店，當然也可以直接開吃燒肉，不過如果考量飲食健康的話，還是可以先吃些蔬菜。

我每次都會先點歐式醃漬物和香菜沙拉再點肉。最近似乎掀起了一股香菜風潮，我早在十年前就是香菜愛好者，所以只會冷冷地覺得這些人真是後知後覺。即便香菜味被笑說像臭蟲的臭味，即便因為香菜在東南亞料理中是不可或缺的，我已經吃過很多，但是到了這家店之後，才終於發現原來香菜和燒肉也是一對黃金拍檔。

這家店的招牌餐「Grazie拼盤」俗稱「肉的階梯」，店家會在螺旋設計的玻璃器具上，擺放幾種當天推薦的肉類。設計精巧看來很討女性顧客歡心，當然男性也能吃得盡興。另外還有燒肉專用的麵包與沾醬，可以嘗試一同品嚐烤好的肉與麵包。我吃的時候還會加上滿滿的香菜，這是在Ittetsu Grazie才吃得到的燒肉滋味，與葡萄酒也是相當匹配。

「肉的階梯」賞心悅目又美味可口，又可以只點一人份，簡直是非常適合一人晚餐時點的一道拼盤。

牛里肌、牛五花、牛橫膈膜、鹽味牛舌等常見的燒肉種類，不但平價而且美味不減，所以在Ittetsu Grazie能夠盡情品嚐燒肉的絕妙滋味。

最後一道可以點韓國冷麵或石鍋拌飯，不過我想推薦炙燒壽司，有「油花少」與「油花多」可選擇，可以只點一貫，其實就算各吃一貫也夠飽的了。

來到Ittetsu Grazie，一定能讓你打從心底覺得在京都吃到的肉實在美味。

這就是俗稱的「肉的階梯」，可以只點一人份。

Apollo+——高檔居酒屋的一人晚餐

我前面說過，現在的居酒屋與料理屋之間有一個灰色地帶。

如果主要目的是喝酒的話，不管料理是什麼，一般都統稱為「居酒屋」，但是如果提供高水準的料理，似乎就不宜稱為居酒屋。可見社會上一般認為料理屋高居酒屋一等。

「本店不是居酒屋。」

如果老闆這樣主張，那麼就算他們端出不入流的料理，也必須稱之為「料理屋」，也就是這句話帶有濃厚的宣示意味。

然而有些店家就算端得出精緻的料理，依然自稱：「本店是居酒屋。」這些店家態度給人的好感，在京都也屬於一時之選。

「Apollo+是居酒屋，不是割烹、料理屋，也不是酒吧，是人與人相聚、談笑生風、享用美食與美酒的居酒屋。」

這是開在三条通的「Apollo+」放在官網上的一段文字。

我走上室外樓梯，來到二樓的店門口。

二、三樓都有座位，一般座位、包廂、日式圍爐包廂等，算是比較寬敞的大店，不過一個人的晚餐當然是選二樓的吧檯。

吧檯的座位排得很寬鬆，座椅採用木頭材質營造溫潤感，不過只有六個位子，最好提早訂位。

日本清酒、燒酒、梅酒、葡萄酒等酒品種類豐富，每一種酒的價格都公道合理，這也是居酒屋之所以為居酒屋的原因。

料理從簡單的番菜到網烤黑毛和牛排、義大利麵，種類五花八門，入冬之後還會有河豚這種正統的料理，各種料理都讓人難以想像Apollo+是間居酒屋，成功滿足食客的味蕾。

某一天的菜單，雖然有賣牡蠣和河豚這種很講究的食材，不過依然是間居酒屋。

Apollo+是京都人都很熟悉的店，以前開在上賀茂神社附近時名為「Apollo」，算是Apollo+的前身。

西賀茂的「MANZARA亭」（見一七〇頁）與上賀茂的「Apollo」在當時並列洛北兩大熱門居酒屋，而且也都傳承至今，對京都人來說真是喜聞樂見。

我推薦Apollo+從上賀茂時期就開始賣的一些熱門菜。

首先是涼拌小黃瓜，爽脆的小黃瓜拌紅味噌，美味超越了時空的界線，來者必點。接著我特別希望各位品嚐的是Apollo特製煎餃，六個煎餃小巧可愛，像是純手工包出來的，酥脆外皮與飽滿湯汁實在絕配，沾了小碗中的煎餃醬送入口中，真是美味得令人停不下筷子。

除了懷念的老滋味之外，還有外表平凡但保證好吃的南瓜春捲，這也是從上賀茂時代傳承至今的一道菜，雖然只是將南瓜調味後，包進春捲皮裡下鍋去炸，但真是好吃。

還有滿滿都是上賀茂產蔬菜的沙拉，以及鹽烤關鯖魚[3]，他們不會拘泥產地或烹調方法，只要是美食就端上桌，這種乾淨俐落的態度就是Apollo+的中心價值。所謂的正宗居酒屋究竟是什麼？來這裡尋找答案的一人晚餐時光，一定也會很有意義。

京極 STAND——老少咸宜，眾人的綠洲

四条新京極路口往北走，這一帶充滿畢業旅行的學子等觀光客以及京都在地人，總是人聲鼎沸。新京極通夾道密集地開了各種紀念品店、餐廳和服飾店。

在這之中，顯得最為熱鬧非凡的非「京極STAND」莫屬，這家店擁有太多面貌，實在不知道要如何歸類。

到了正中午，許多附近的銀髮族像是已經望眼欲穿，一開店就快步入店，他們應該是想在午間小酌幾杯。

緊接著隨後跟進的是一群畢業旅行的學子，他們一口氣全數湧入，大概是看上這裡份量十足的午餐。

京極STAND在銀髮族心中是居酒屋，在學生心中是平價飯堂，面貌相當豐富，這裡也正好是適合一人晚餐的地方。

進到店內右側有一排長長向內延伸的吧檯座，設計得有點特別，寬度很寬，所以兩側都可以坐人。

而左側則有幾張圓桌，桌面很大，基本上都會多人併桌使用。

我之所以會推薦一人晚餐來這家店，首先繫因於店家的桌椅擺設。無論是右側的吧檯座或左側的圓桌，都相當於獨食客的保護色。

對於一人晚餐來說，桌椅等硬體真的是成敗關鍵。

可能有人覺得自我意識不需要那麼高，但是我覺得一人晚餐的最大阻礙是他人的目光。

與情侶、團體、家庭聚餐等相談甚歡的聚餐相比，一人晚餐總是顯得特別陰沉，就算本人渾然無感，在他人眼中卻是如此。

而且又不能出聲辯駁說「我很享受一個人的晚餐喔」，真是令人心有未甘。我不知道其他國家的情況如何，但是日本對於「一人晚餐」普遍都還缺乏足夠的理解。

而京極STAND的客人來往混雜，無法判別誰跟誰併桌、誰又是一個人，所以即使是一個人的晚餐，一樣可以吃得輕鬆自在。

當然我會推薦這家店不是只因為有保護色，京極STAND的各種料理都很美味，價格又公道，還提供很多京都特色料理，可以滿足百樣人的味蕾。

飲品也是種類繁多而且很便宜，無酒精飲料的價格幾乎和販賣機相同，酒類也

炸火腿、烤內臟等單點菜讓人眼花撩亂，也讓人覺得「這才稱得上是喝酒的地方」。

沒有哪一種偏多偏少，日本清酒、燒酒、啤酒、葡萄酒等基本上都很齊全。

菜色一樣也是相當豐富，日式、西式、中式應有盡有，不但有小份量的小菜，也提供數種肉類、魚類、主餐，還有適合當最後一道菜的麵食、飯食，林林總總一應俱全。

在京極STAND不需要在意他人眼光，吃吃喝喝都可以隨心所欲，是在京都最能吃得輕鬆自在的店家，也最適合一個人的晚餐。

MANZARA亭 烏丸七条——巷弄居酒屋的好時光

一九八五年，也就是距今三十年以前，京都西賀茂有一家餐飲店開張了。

這裡不是鬧區，也沒有好山好水，而且所在位置是很新的住宅區一角，店名是「MANZARA亭」。

粗略歸類的話，MANZARA亭算是一家年輕人會喜歡的居酒屋，如今用「和食餐飲」這個分類更為貼切，但是開業當時餐飲業並沒有這個概念，形容得誇張一點，MANZARA亭是那時所有京都愛酒年輕人所聚集的熱門店。

我也是常常去MANZARA亭報到的一員，幾乎可以說是無夜不訪，貪戀在地精釀酒品與創意和食的二重奏。

隨著時間流逝，MANZARA亭如今已經開了十一家分店，雖然像是連鎖企業，但是每家分店提供的餐點都不同，氣氛也各異其趣。

其中我最推薦的是「MANZARA亭 烏丸七条」。

走出京都車站中央出口後往北行，經過Yodobashi Camera、大和Roynet Hotel京都站前店後，左轉進一條小巷子，沿著這個有些詭譎的小巷子往前，會看到右邊「LIDO飲食街」的招牌，LIDO飲食街的左側可以看到一個身兼招牌功能的地燈籠，這裡就是MANZARA亭 烏丸七条。店家位置很難找，第一次來訪的人多半會迷路。

這家店其實建在七条通上，入口卻故意開在小巷子這一側，可以想見MANZARA亭是相當有個性的。

走進店家，狹長走道的盡頭就是獨食客專用的吧檯座。這種走道緊鄰廚房的設計，很像祕密藏身之所會採用的構造。

吧檯有八個座位，在長廊盡頭的是能看到七条通的靠窗座位，這裡可以讓給情侶檔，一個人的話就坐離窗戶最遠的位子，我每次都會選這裡。

除了一般菜單，還有本日推薦菜單，我都會兩相對照選擇自己想吃的東西。

酒類方面，京都在地日本清酒就不必多說了，葡萄酒也是該有的都有，也有賣我喜歡的氣泡葡萄酒。

點完酒之後，會先上小菜。精緻的器皿中盛了三種小菜，我繼續邊吃小菜邊與菜單大眼瞪小眼。

京都遠近馳名豆腐店近喜的冷豆腐是我每次必點的一道，只有一個人所以會請店家做小份的，不然光是吃豆腐就飽了，這也是我推薦這家店的原因，雖然不可能強求他們每種菜都為我特製小份的，但是他們還是會盡可能滿足我的任性需求。

馬鈴薯燉肉、金平[4]、馬鈴薯沙拉等居酒屋的必備菜色都是店家自製，味道清淡美味。當日特別菜單上都是使用當季食材的料理，春天是竹筍，夏天是香魚或灰海鰻，秋天是秋刀魚，冬天是螃蟹或河豚等，每一道都相當費工、美味而平價。

東吃西吃，飽飲一輪，有一道很適合最後吃的料理：釜飯。

釜飯大概要等三十分鐘左右才會上桌，但是絕對值得等待，我通常都點鰻魚釜飯。從釜中盛一匙熱騰騰、燒燙燙的飯送入口中，只覺得內心洋溢幸福，MANZARA亭就是這樣一家隱身小巷的知名居酒屋。

葡萄酒的價格親民，種類也很多。

Bistro SUMIRE chinese ——超級划算的單人獨享餐

對一個人的晚餐來說，難度足以與燒肉並駕齊驅的應該就是中式料理。菜單上的單點菜中通常只有兩、三人吃的「小份」與四、五人吃的「中份」，可想而知一人吃的「超小份」不可能在菜單中出現。

也許你會想「那我點套餐總可以了吧」，結果幾乎所有套餐都限制要兩人以上才能點，真是讓獨食客束手無策。

這代表中餐廳根本沒有設想過有人會一個人來吃正宗的中式料理，也確實一說到中式料理，一般人都會聯想到眾人圍著旋轉盤圓桌聚餐的樣子，不考慮獨食客也是無可厚非。

所以當我一個人想吃中式料理時，只會去街上的中餐館，坐在紅色的吧檯座上用餐。我這樣半放棄的狀態已經維持多年，不過最近京都開始出現歡迎一個人的中式餐廳，其中最具代表性的當屬「SUMIRE」。這家店開在木屋町通上，從四条通再往南走的地方。

說到四条通以南、木屋町通上的SUMIRE，基本上以四条通為分界線，以北通常是年輕人區域，而以南則是大人區域。這家店門口垂掛了幾個葡萄酒瓶，讓往來行人潮知道這是家可以喝酒吃飯的店。

走過充滿京都味的小路後，來到SUMIRE的店門口。

L字型的吧檯座圍在寬敞的開放式廚房外緣，這是獨食客專用的特等席。

這家店不只是被動接受獨食客，而且還提供獨食客專用的菜單，名為「單人獨享套餐MENU」，來客超過一個人竟然就不能點了。

套餐內容可能不定期會改變，但基本上有五道菜：主廚推薦前菜拼盤、蒸的小點兩種、炸物兩種、主菜兩盤，這樣只要兩千五百日圓，真是有口福。

有吧檯座還有單人獨享套餐，非常適合獨食客。

晚秋的一天夜晚，我在SUMIRE的料理中，感受到微風拂過鴨川的冷冽。

前菜三味是香蔥棒棒雞、意外甘甜下酒的海蜇皮、皮蛋貝類碎沙拉。

蒸的小點是魚翅餃和番茄起司燒賣。

炸物是杏仁炸豬肉和什錦春捲。

所有熱食都是在眼前的開放式廚房進行烹調，因此上桌時都才剛起鍋熱騰騰的。

第一道主菜是「招牌爐烤港式叉燒」和「香蒜炒青菜」二選一，我是百分之百的叉燒派。爐烤出來的叉燒別具風味，與一般的雞、豬肉相當不同，很適合配葡萄酒。

第二道主菜是蝦料理，可以選「乾燒蝦仁」或「蝦球美乃滋」。

這樣飽餐一頓，竟然只要兩千五百日圓，份量還相當的多，如果還覺得意猶未盡，可以加五百日圓加點小份炒飯或麵食。

我加點了爽口的香蔥湯麵，雖然是小份的，但由於前面吃了這麼多中式料理，所以小份的也綽綽有餘了。

SUMIRE一到夏天會布置能夠俯瞰鴨川的露天座位，讓客人用餐時也能品嚐濃濃京都味。這家SUMIRE，是能夠奢侈獨享中式料理的一家私房餐廳。

譯註

1 一種酒吧與餐廳混合的經營型態，與酒吧不同，不是以喝酒為主。

2 符合日本各地飼養團體依照產地、血統、品種等規範的和牛，稱為「品牌牛」，其中松阪牛、神戶牛、近江牛有「日本三大牛」之稱。

3 日本的知名鯖魚，產地為九州的大分縣。

4 通常會使用蓮藕、牛蒡等食材，切片或切絲後加入醬油與糖拌炒，是一種日式的小菜。

第五章

一個人也要奢侈一下

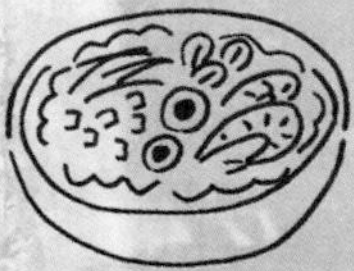

HIGO 久——舒適町家的江戶前壽司

錦市場向來有「京都的廚房」之稱，如今已經是人聲鼎沸、邊走邊吃的商店街。過去有一家晚上才營業的二樓壽司店開在錦市場，我曾經是店裡的常客，也多次把這家店寫進我的推理小說中。

說「曾經」是因為儘管眾人都相當不捨，這家店前幾年還是歇業了，歇業原因是主廚罹患了頑疾，這種頑疾對於一個壽司職人簡直是致命的打擊。儘管病因不明，但是他再也不能自由活動手與指頭，最終不得已只能歇業。

主廚本人、他的家人、客人，甚至就連醫師都以為他不可能再握壽司了，但是他戰勝病魔，恢復的情況好到讓主治醫生都用「奇蹟」一詞來形容。

他決定重新開店，地點選在名寺佛光寺附近的京町家。

從佛光寺通與柳馬場通的交叉路口往西前行，會經過老屋翻新的長形連棟建築「長屋」，在小餐館長屋中有一家就是「HIGO久」。

進到店內，左手邊是廚房，吧檯座貼著廚房延伸到店內，在盡頭可以看到京町家的特殊設計——坪庭[1]。

以前的店裡除了吧檯座還有小的榻榻米座，現在的新店只剩下吧檯座，寬敞的空間中吧檯的座位排得很寬鬆。

HIGO久的擺設很京都，不過今天要品嚐的是改良自江戶前壽司的自創壽司。

如果你已經多次拜訪到熟門熟路之後，就可以隨意單點；如果是第一次來的話，交給店家決定還是比較明智。

不過可以先告訴店家你的基本需求，在壽司店的話，可以看你要小生魚片[2]多一些或只需要壽司就好，或者也可以說自己的預算是多少，再商量決定。無論如何，最好都是先訂位再出門。

酒的種類雖不多，但是日本清酒、燒酒、葡萄酒都有，很適合邊喝酒邊品嚐壽司。我照例點了氣泡葡萄酒，享用只能在HIGO久吃到的壽司。

小生魚片、生魚片之後，接下來常常會上烤物，每個季節烤的魚可能不太一樣，夏天是香魚、冬天是青鮒或馬頭魚。烤魚上桌後，我猜想下一道該是引頸期盼的壽司了吧，沒想到還真的心靈相通，上的就是壽司。

HIGO久的壽司基本上是很正宗的江戶前壽司，不過不會像銀座的壽司店一樣讓人神經極度緊繃。

雖然主廚曾經因病歇業，不過卻也因禍得福，HIGO久的壽司開始形塑出獨特的一套風格。醋飯的醋味不會過重，而會有微微的甜味，而醃漬鮪魚壽司則是以山椒粉為鮪魚調味，嘗試融合京都和江戶前兩種風味，花枝握壽司的花雕刀工細膩，讓人聯想到九州的壽司店。HIGO久不拘泥

說到江戶前就會想到鰶魚幼魚「新子」，
此外也能吃到一些很「京都」的握壽司。

於江戶前壽司的傳統，以改良自製的壽司滿足了食客的味蕾。

一講到江戶前壽司，似乎都讓人心生畏懼，但是這裡還有一個溫柔的老闆娘在，完全不會讓人有壓迫感，可以放寬心盡情品嚐壽司，真是幸福的享受。

主廚在罹患頑疾後成功戰勝病魔，也許是這個緣故，讓他的技藝又更上一層樓，也讓我每次吃HIGO久的壽司，都會感覺握壽司不只要用手，更要用心。

花遊小路 江戶川——鰻魚串燒的吧檯好時光

說到一個人吃鰻魚，第一個想到的還是午餐而非晚餐。在中午時間，受到香味的吸引進入了一家鰻魚店，然後點了一個鰻魚丼，通常都要等一段時間才能等到鰻魚上桌。

等待半小時左右，吃完卻不花多少時間，畢竟丼飯還是速速大口吃完比較好吃。近年因為物價上漲，鰻魚丼也要價不菲，不過還是吃得很有飽足感，不愧是鰻魚。生理、心理都得到滿足後，差不多就可以進行下午的活動了。

但如果是晚餐時間，就會覺得太過空虛，畢竟一碗鰻魚丼你也不能拖拖拉拉吃個沒完；如果你想一個人點涼拌醋鰻、裸烤鰻魚、鰻魚蛋捲、蒲燒鰻魚的整套鰻魚大餐，就必須有荷包會大失血的心理準備。

就算如此，晚餐只吃鰻魚丼好像又不太夠。

四条河原町附近有一家完美的鰻魚店，你可以慢慢品酒，把鰻魚當下酒小菜，最後再吃一個小的鰻魚丼。這家店的店名是「花遊小路江戶川」。

從京都第一的鬧區四条河原町路口沿著四条通步道的北側往西前行，會看到右手邊的店家之間有一條小巷子，正確來說不是巷子，而是比巷子更窄的小通道，連腳踏車都過不去，這家店

招牌上寫了一個很大的「う」字，店家位於年輕人集中的鬧區。

就在這條通道裡。雖然路有點難找，但是找出鰻魚店的好方法就是去聞香尋店。

進到店裡，首先映入眼簾的是圍著開放式廚房的L字型吧檯，開放式廚房中想當然正在炭火烤鰻魚，吧檯就是能一邊就近欣賞烤魚秀，一邊用餐的特等席。

設有吧檯座位的鰻魚店並不多，這些座位都是獨食客的得力好夥伴。吧檯座最重要的地方，就是它能成為獨食客的保護色。午餐時間雖然沒差，但是夜晚孤零零坐在一般座位上，總是看來特別淒涼。

吧檯座的另一個好處就是可以在等待時欣賞廚師烹調的樣子，如果還能和廚師交談的話，就更能有助於轉換心情了。

花遊小路 江戶川是歷史悠久的鰻魚店，自然也有賣裝在重箱的鰻重飯與鰻魚丼，不過招牌是鰻魚串燒，所以在這裡享用美酒時吃的下酒菜不再是烤雞肉串，而是烤鰻魚串。

最適合一人晚餐的就是串燒，鰻魚如果也能做成串燒就真的很適合晚餐吃。

雖然東京有鰻魚串燒的專賣店，但是京都恐怕僅此一家了。鰻魚頭串、鰻魚肝串、去皮鰻魚串、零星鰻魚串等各種鰻魚串都只能在這裡才吃得到，每一種串的調味都不同，不會吃到很膩，可以品嚐到各式各樣的鰻魚。

除了串燒之外，還有加了鰻魚醬的鰻魚醬沙拉，以及鰻魚凍、鰻魚骨等佳餚，可以搭配日本清酒或葡萄酒一起品嚐，最後一道還是要來個鰻魚丼。

迷你鰻魚丼雖然是迷你份量，但是可以吃到一片很扎實的蒲燒鰻魚，所以適合放在最後一道吃。如果想吃清爽一點的，可以點鰻魚茶泡飯。

極力推薦花遊小路 江戶川給所有愛鰻人士，務必來這裡品嚐江戶風味蓬鬆柔軟的鰻魚。

鮨 KAWANO——化身洛北人品嚐江戶前壽司

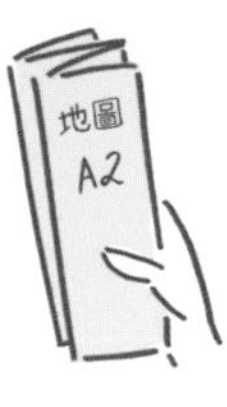

「鮨 KAWANO」是一家完美無缺的巷弄美食名店。

但是這家店原本另有他名，鮨KAWANO是第三代的店名。

有一回我聽說洛北下鴨的住宅區開了一家很厲害的壽司店，從府立大學前的交叉路口再往西走，開在北大路通斜斜延伸出的一條小路上，我立刻跑去嚐鮮，此後不知道已經過了多少年。鮨KAWANO十全十美的表現遠遠超乎我的預期，所以我後來又去報到了無數次。

說到開在住宅區的壽司店，有人可能以為店家風格也很有古早味，不過鮨KAWANO採用簡單時尚的設計，沒有多餘的裝飾，簡潔得像「一口酒吧」，予人十足的舒適感。

來訪的顧客幾乎都是家住洛北的在地人，我在這裡時不時就會看到熟悉的面孔。

以前的店名是「樂家壽司」，料理的主角是正統江戶前壽司，時令鮮魚做出來的各種料理都很下酒，而且距離我家只要步行十分鐘，所以我去過了無數次，後來店家卻因為某些因素不得已而歇業了。

就在洛北在地人與各方惋惜的聲音終於平息下來時，他們換了一個店名再次捲土重來。

第二代店家的外觀與第一代完全相同，料理也大同小異，但是改走稍微高檔的路線，結帳的時候心臟總會怦怦亂跳。儘管如此，價格與其他店家相比還是很合理，加上步行就能抵達，對我來說很輕鬆，所以我雖然不會三不五時就去一次，每一季都還是會去報到。

第二代樂家壽司最終仍然收店了，改在祇園的高價地段開店。

我收到了開店邀請函，決定去一趟祇園的新店。考量到新店的地段，我事前已經有心理準備會漲價了，實際的價格仍然遠超過我的預期，相當於銀座的超高檔價位，我覺得自己和店家已經不在同一個檔次，於是就沒有再前往了。

隨後沒多久，我聽說換了老闆，變成一家新的壽司店，隔了一陣子與家人兩人登門品嚐。

那時候的感想就是：「回到原點了。」

第二代的時候，他們大量使用高級食材，可能也因此吸引了許多饕客上門，常常都是這些饕客占據了整個吧檯座位，有時候還有專程從東京來的客人，所以對於洛北人來說，第二代反而比較有距離感。

第三代鮨KAWANO的氣氛讓人回想起往昔的樂家壽司，店

店內的風格簡潔卻有格調，飲品價格也很公道。

中洋溢著在地洛北人的笑容。

最令人欣喜的是到了第三代，壽司的等級竟然又更上一層樓。我不必多費唇舌說明產地，只要吃過就知道這些食材都是老闆精挑細選過，而且壽司基本上就是江戶前壽司，雖然需要一定的廚藝，但又不會過度雕琢，是很實實在在的壽司。

在這裡不聊深奧的學問，只聊身邊瑣事，室內裝潢也和以前一模一樣，讓我有回到樂家壽司的錯覺。

而且老闆待人誠懇，歡迎孤身一人的觀光客，也適合從沒獨自在京都壽司店的吧檯中品嚐壽司的人。主廚推薦套餐也明列了價格，結帳的時候就不再需要心跳加速，這也是我推薦的理由之一。

和食晴——美食的打牙祭

北至四条通、南至佛光寺通、東至寺町通、西至西洞院通，在這個粗略的範圍內開了各種日式、西式的餐廳，因為這個區域位於京都第一商業區四条烏丸的南側，所以到了晚餐時間，就會吸引眾多上班族進入這些店中。

我最近常住的烏丸京都飯店大致就位於這個區域的正中央，因此這附近熟悉的店也就越來越多，其中我跑得最勤的是「和食晴」，位於綾小路通與高倉通交叉口的西南側。

和食晴的店面並不像是典型的割烹，外觀相當不可思議，讓人完全看不出是一家餐廳，窗戶都鑲著復古的舊式玻璃，讓人進到店內瞬間就感覺心情平靜。

店內沒有一般座位，全部都是L字型吧檯座，簡直是為一個人吃晚飯的顧客量身打造。

和食晴的菜色與八条口的「燕en」相同，都讓人很想稱之為「割烹新浪潮」。

基本菜色當然還是正統的和食，不過自製馬鈴薯沙拉、厚切炸牛排等經典西餐也漸漸成為和食晴的招牌。

京都現在的割烹，大致可以分成兩種。

第一種我已經多次提及，就是單賣主廚推薦套餐的高檔割烹，這種割烹大部分都是一位難求的熱門名店。能在一個月前訂到位已算是好的了，有的要提早三個月、半年，再誇張一點甚至要一年前訂位，否則坐不到吧檯座，情況演變到這個地步實在很扭曲。

但是情況應該不是自然而然演變到這個地步，而是炒作出來的。除了店家與顧客，媒體也來參一腳，他們捧出了一個個爆紅名店，使京都刮起割烹歪風。

這些廚師只接受了半吊子的訓練，卻在市內的一級地段開店，並且轉眼就晉升成一位難求的熱門割烹店，十年前實在很難想像如今的京都割烹界會變成如此，就算哪一天突然泡沫化也不足為奇。

我可以斷言，無論是隊伍長度或訂位難度，與店家本身的價值都未必成正比。

另外一種割烹就是以隨意單點為主，而且只要有空位，用餐當天也接受訂位，比如說這家和食晴。

一位年長的和食師傅造訪了這家店，突然喃喃冒出一句話：「這就是我夢寐以求最想開的店，不，我一直想當這種店的客人，所以現在這樣就好。」

我覺得沒有更好的方式可以形容這家店了。

連資深的老師傅也說出「想來作客」的話。

和食晴最根本的魅力，就是讓客人自由選擇、吃到各式各樣的佳餚。別說是當季食材，就算是常見的下酒菜也絕不偷工減料，他們隨時備好各種佳餚，等待客人上門。

和食晴不會讓顧客感到壓迫，也沒有絲毫討好的意思，但是他們會盡可能滿足客人的需求。他們的料理留古也存今，保留了原始割烹的色彩，也不忘要符合現代人口味，讓在地人吃得開心，觀光客也能吃到京都的好滋味。

在這裡，夏日會有烤香魚的香氣撲鼻而來，入冬則散發出關東煮的濃濃香味。你一定要來享受一次成為來和食晴作客的喜悅。

自製烏魚子、生鴨火腿與日本清酒的溫酒相當速配。

洋食店 MISHINA ——登峰造極的京都西餐

為什麼京都的西餐如此美味？這就必須來講古了。

在日本結束鎖國時代的時候，當時講到西餐大概都會想到與外國有頻繁交流的港口城市，其中又以橫濱與神戶為代表，這兩個城市現在一樣有很美味的西餐廳。

然而京都離海這麼遠，為什麼西餐還能如此美味呢？

這就要講到幕府時代末期的重要人物坂本龍馬，龍馬生於土佐藩（高知縣），經過各種大風大浪後，因緣際會造訪長崎，最後在伊良林這個地方定居下來，成立了日本第一個商社「龜山社中」。

日本最早的西餐館就是在伊良林出現的，不過這件事卻鮮為人知。

店名取自地名，就叫「良林亭」，大概在鎖國結束後五年左右開張。龍馬本來就特別喜歡西洋玩意，儘管身穿日式上衣、褲裙，腳上搭的卻是靴子，他當然不會錯過良林亭了。另有一說，認為龍馬是為了良林亭才搬到這附近。

龍馬愛吃西餐這件事應當屬實，史料上也有相關記載。他在兩年後一八六五年移居京都，並且再度經歷各種大風大浪。此時良林亭的老闆也來訪京都，因為這次的來訪，老闆後來在京都開了西餐館，京都就陸續出現模仿良林亭的西餐館。

經過這段歷史後，京都成為西餐的城市，吸引來自日本各地的眾多饕客，京都西餐的黃金時代於焉展開。

有幾家一代一代傳承下來的老字號西餐館，也抵擋不住時代的洪流關門大吉。

如今依然健在的是「洋食店MISHINA」等花街孕育出的西餐館。流連花街的權貴老爺帶著舞妓、藝妓上西餐館津津有味品嚐美食的情景，是往昔京都的獨特風景。

花街西餐中，「TSUBOSAKA」具有相當高的知名度，店家位於祇園町北側，也就是花見小路四条路口以北的富永町，這裡總是充滿愛好西餐的京都人，非常熱鬧。

他們考量到舞妓的櫻桃小口，改良出能夠優雅享用的一口奶油可樂餅，竭盡所能改良出各種具有京都特色的西餐，包括適合吃西餐時點的最後一道餐「茶泡飯」等等，是一家花街西餐的代表，搏得了相當多的支持。

非常可惜，後來可能是因為某些因素店家就歇業了，在人們遺忘TSUBOSAKA的時候，他們改名換姓，換了地點捲土重來。

這家店就是現在的洋食店MISHINA，從二寧坂（二年坂）彎進一條巷子裡面，可以看到這家店正在營業。

店裡只有十個左右的吧檯座位，在開放式廚房裡外招呼客人的是老闆和老闆家人，可能就是因為他們的關係，讓這些技藝精湛的專業料理，散發出一股家庭的溫暖。

就算獨自前來，也絕對不會遭到不禮貌的對待，他們會溫暖地迎接顧客，讓所有人都放心享用京都風的頂級西餐。也許是這個地段的關係，最終點餐時間很早結束，如果要來，最好傍晚提早一些時間。

洋食店MISHINA可以隨意單點，不過我推薦晚飯時段的套餐。炸物定食的主餐是螃蟹奶油可樂餅和炸蝦，想吃燉牛肉可以點燉肉定食，想吃照燒菲力可以點照燒定食，總共有以上三種套餐，三種定食的最後一道都是茶泡飯。

沒有來過洋食店MISHINA，不能說你吃過京都西餐，推薦各位來清水寺附近，享用一頓奢侈的一人晚餐。

洋食店 MISHINA 位於京都觀光客人來人往的二寧坂附近，一條巷弄深處。晚餐時段要先訂位。

中國料理 桃李——在靠邊吧檯品嚐經典中國菜

在一人晚餐的選項中，中式料理是個很難征服的領域。就算是飯店中的中式料理也一樣，或者應該說飯店的中餐廳基本上不會把獨食客納入考量，因此基本上一個人根本無法去吃晚餐。

從飯店中餐廳的座位安排就知道他們的主要客群是多人團體，座位都是四人桌或六人桌，六人以上還可以使用包廂，幾乎沒有哪一家會設計吧檯座位。

就算去小一點的城市，在飯店中餐廳裡難得看到了吧檯座，這種吧檯也都是在用餐區與廚房之間硬生生隔出來的，而且常常是店家上菜時需要用到的空間，擺明就是次等座位，不管料理多美味，也只讓一人晚餐徒增空虛而已。

我知道有一家可以坐在景觀好的座位上，一個人悠哉品嚐中菜的飯店中餐廳，就在京都的中心區域，店名是「桃李」。

名為「桃李」的飯店中餐廳有兩家，一家在老字號知名飯店京都大倉飯店。

這家桃李引領京都的中菜界，受到廣大民眾的歡迎，歷史很悠久，三代桃李的忠實粉絲不在少數。

說實話我也是粉絲一員，我已經數不清自己曾經在這裡與祖父母和雙親用餐多少次。

很不好意思在這裡提到我自己，其實這家飯店以前叫做京都飯店的時候，我在這裡舉辦過婚宴，也因為婚宴前的籌備討論，多次來到桃李用餐。

隨著時光流逝，京都飯店改名為京都大倉飯店，並且開了一家比較休閒如同別館的烏丸京都飯店。

回歸正題，另一家桃李位於烏丸京都飯店二樓，這家店就設有吧檯座位，可以獨自前來享用晚餐。

烏丸京都飯店在四条烏丸路口往南的地方，建在烏丸通上。這一帶的烏丸通上，無論是中央分隔島或人行道都種了很多行道樹，散發出京都第一商業區的獨特氣氛，簡明而俐落。

餐廳中的吧檯座面向窗戶，顧客都能夠就近俯瞰烏丸通，所以是一人晚餐的特等座。

烏丸京都飯店有房客優惠，如果使用這個優惠的話，桃李晚餐時段的套餐只要三千五百日圓，主餐可以任選。

第一道是冷菜三味拼盤，接著是魚翅湯、小籠包，接下來的主餐可以八選三。

我每次都會選經典中的經典中菜：糖醋里肌、乾燒蝦仁、青椒肉絲。吃到這裡就已經很有飽足感了，套餐的最後一道是什錦炒飯，另外還有招待的甜點水果杏仁豆腐。這些料理不多不少，只要三千五百日圓，真是經濟又實惠。

因為是房客優惠，所以一定要住在這家飯店才有優惠，不過烏丸京都飯店非常舒適，我才會經常來住。推薦各位規劃京都之旅的時候列入考慮，住宿的同時也來享用美味的一人中菜。

冷菜三味拼盤，如此精美的擺盤是飯店中餐廳的拿手絕活。

割烹 HARADA——一人獨享正統割烹

很多人嚮往在京都吃割烹，我也聽說很多人都因為門檻太高遲遲不敢踏出第一步。如果這一頓割烹又是旅人的一人晚餐，心中難免惶惶不安。

近年新開張的割烹店幾乎都只有主廚推薦套餐，結果許多割烹初學者為此大鬆一口氣，最後都選擇這種店。

但是割烹料理的門檻，同時也是客人的樂趣所在，也就是點菜方式。廚師會從現有的食材、料理中進行挑選與排列組合。明明這才是割烹的精髓，有些店家卻打從一開始便剝奪客人的這項權利，我很懷疑這種店能不能稱之為割烹店。

為什麼明明是割烹，卻只賣主廚推薦套餐，我可以用一句話交代清楚：火候未到。

只有身懷精湛的廚藝，才能在在座客人都點不同菜的時候，準確快速地滿足每個人的需求。其實在進貨的時候也很考驗這種技藝，不但要將浪費限縮到最小，又要盡可能買齊各種需要的食材，否則無法滿足客人的需求。廚師所需要的，是經驗與直覺。

相較之下，主廚推薦套餐既不怕浪費食材，也不必擔心料理超出自己的能力範圍，短時間培訓過後就能開店。

對客人來說也一樣，如果是點主廚推薦套餐，店家上什麼菜就吃什麼，既不怕會點錯菜，也不必擔心吃的先後順序有沒有問題。

簡單來說，時下流行的新型割烹，無論是掌廚的人或者用餐的人都還只是初學者。

然而保留了原始割烹樣貌，又能讓一個人輕鬆品嚐晚餐的割烹店卻意外的少。如同前述，現在的割烹要不是專賣主廚推薦套餐，要不就是一個人吃太奢侈，或者整店都是老主顧，唯獨自己顯得格格不入。

有一家店，既是正統割烹，又很適合孤身旅人來吃晚餐。

從河原町丸太町路口往南前行，右手邊會看到河原町通上一家營業中的店「割烹HARADA」。

店家並不是特別寬敞，進入店裡右手邊可以看到圍著廚房的L字型吧檯座，左手邊則是一般座位。既然是一個人當然選吧檯座，來店之前記得一定要訂位。

這裡提供推薦套餐，但是也能夠自己從黑板上的本日推薦料理中自由選擇，令人欣喜。

點了酒之後沒多久就會上「八寸小菜」，雖然用八寸裝，料理本身倒不會過度講究，只是幾道擺盤精美的當季料理，像是點餐前店家主動提供的簡單小菜。我一邊吃小菜一邊與老闆、老闆娘討論，決定今天要點的料理。這個抉擇時間才是割烹之所以為割烹的地方，你還可以就近看旁邊客人的料理起鍋上桌，想像自己也吃了一道，或者猶豫該不該點一份相同的，這些都是在割烹店才能享受到的樂趣。

不管什麼時候來都可以嚐到當季美食，不過我特別想推薦夏天的香魚。這對愛好釣魚的夫婦自己釣魚、鹽烤出來的香魚堪稱一絕。他們都在週一公休時去釣魚，所以可以挑準週二來，事先訂位享用美味香魚。

琢磨 祇園白川店——沉浸在京都風情之中

到底哪裡的風景最能代表京都呢？

通往清水寺的二寧坂石階？嵯峨野隨風搖曳的蓊鬱竹林？能夠仰望八坂塔的八坂通？或者近年大受國外觀光客歡迎的伏見稻禾大社千本鳥居？只要一看到這些景致，任誰都知道是京都，非常具有代表性，但是肯定沒有唯一答案，莫衷一是。

如果把「京都風情」納入考量的話，恐怕大多數人都會想到同一個地方吧？

祇園白川。

琵琶湖引入京都市內的疏水道從岡崎到仁王門通，再往西南有一條流入鴨川的小溪流白川，白川的清流之中倒映著祇園町北側的豔麗街道。

其中最美的區域就是祇園白川，也就是從祇園巽橋到大和大路通這一段短短的川邊小路。

「祇園美景伴入眠，

枕下猶有川流過。」—4

這首和歌的作者是大正末期、昭和初期的知名歌人吉井勇，據說他是在祇園白川創作的，因此這裡建了一個歌碑以示紀念。

能不能獨自在這樣的地方眺望美景，品嚐一頓美味的京都晚餐呢？肯定所有人都會心嚮往之，但是大部分人卻又只當作是個白日夢，畢竟這裡是高級地段中的高級地段。雖然不是沒有日本料理店，價格很不親民，更重要的是不像是適合一個人去的地方。

然而這個區域有一家店，也可以說是僅此一家，可以輕鬆享用一人晚餐。

就是「琢磨祇園白川店」。

店家入口有一點難找，不過順利進到店裡之後，可以看到一、二樓都是能欣賞白川的特等座位。

二樓是一般座位，一樓是吧檯座。一人晚餐的指定座位就是一樓的吧檯，雖然誰都希望坐到靠窗位，以最近的距離欣賞白川，不過這就只能聽天由命了。訂位時自然也不能指定靠窗座位，位子通常都是依照訂位時間來店的先後順序決定的。

接下來就要說料理了，無論午餐或晚餐都只提供套餐，晚餐是六千和八千日圓套餐，雖然我也很想隨意單點，只要考慮到地段和價格，就會覺得更多的要求都是奢侈。

一人晚餐的話，點六千日圓套餐就綽綽有餘了。

第一道是包含十幾種當季食材的八寸拼盤，最適合的當然還是日本清酒，而且最好是加熱的。白川就在不遠的地方，耳畔彷彿傳來潺潺水流聲，像是置身在吉井勇吟詠的情境之中。

入口在背對祇園白川的另一側。

接著生魚片有三種魚，而這家店特別的是會在生魚片旁附上醬油慕斯。湯品、燒烤、蒸煮品、天婦羅等下酒佳餚依序上桌，先後順序也是走正統路線。

食材與烹調過程沒有任何偷工減料，在祇園幾乎沒有日本料理店能以這個價格提供如此高檔的料理，而且這裡還能眺望白川。

很可惜前幾年前代老闆已過世，如今他的意念依然活在這家店中不曾止息，彷彿這一條白川，清澈見底沒有一絲汙濁。

蛸長——一人晚餐最適合吃關東煮

雖然一人晚餐的選擇非常多種，我覺得沒有任何一種比關東煮來得更適合了。

但如果是在家裡吃關東煮，感覺又有些微的不同。一個人在家裡吃關東煮當晚餐似乎有些淒涼；如果換成是在店裡吃，卻能夠非常愉快，真是很不可思議。

京都自稱「關東煮店」的地方意外稀少，到了冬天，就算居酒屋中會推出關東煮鍋當菜單主角，卻既不會有關東煮攤販出現在街角，也不會連棟多開幾家關東煮的店。

有些歌舞伎演員偏愛的關東煮店從以前就很出名，價位卻高得讓人難以想像是關東煮，還必須有人引介，完全不適合一人的京都晚餐。

希望在京都品嚐關東煮，找到一個人能夠輕鬆進入，而且平價的店家。

如此一來，除了這家店，我實在難有他想。

從川端通與四条通的路口往南前行，川邊靠近團栗橋的地方有一家掛著「おでん（關東煮）」招牌的店家「蛸長」，外觀是白色牆壁搭配咖啡色窗格，讓人印象深刻。

座位只有十二個L字型的吧檯座，餐點只有關東煮，酒類也只有啤酒和日本清酒，一切從簡，讓人猶豫的只有該選什麼關東煮。而且這一帶的環境很適合一個人的晚餐。

這裡完全沒有巷弄關東煮的雜亂感，店內井井有條，與壽司店有些相似，而且氣氛雅緻，可以慢慢品嚐關東煮．關東煮很有京都味，每個食材都吸飽了鮮美的高湯。

我看了掛在牆壁上的木牌，猶豫該吃些什麼，這個時刻會感到有些緊張，與在老字號的壽司店吃飯時相同。

店家位於祇園川端，距離京都四条南座非常近。

每天的菜單可能都不太一樣，大致上應該都有二十種。除了店名中的章魚（蛸），以及雞蛋、蒟蒻等基本款，還有一些搭配京都在地蔬菜，或者精心開發出的自創品項。雖然每個品項都是時價，沒有明寫價格，這部分可能讓人有點卻步，不過並不會貴到讓人瞠目結舌。

關東煮普遍會從章魚開始吃起，我大概也都會先點章魚和京都白蘿蔔。店裡的章魚大多都是一條粗大章魚腿，會切成四段，蘿蔔則是厚切出一片後，再對半縱切。章魚和蘿蔔都是咖啡色的，煮得很入味。

吃到這裡之前，先喝潤喉的啤酒，接下來就是日本清酒。

有些店裡清一色是熱門品牌清酒，彷彿宣示「我們店嚴選全日本好酒」的樣子，雖然也不錯，但像蛸長這樣選定幾款也很好，我喜歡他們毫不遲疑俐落上酒。

還有一個其他地方很少見的「紐育」，第一次來的客人一定會很困惑這是什麼，其實就是日本俗稱的紐約生菜，也就是美生菜，葉菜經過層層疊疊的捲覆相當扎實，再擠上酢橘吃來相當美味，任誰都會嘖嘖稱奇。

蛸長雖然並不是很便宜，但是酒足飯飽後包准會感到心滿意足，因為他們使用上等食材，而且廚藝細膩。來到蛸長，真的能吃到沁人脾胃的好滋味。

BAR CHIPPENDALE——典雅酒吧的一人晚餐

在正宗的酒吧中一個人吃晚餐，看似容易其實門檻很高。要不是感覺自己的身體隨時都處於緊繃狀態，總是綁手綁腳的，就是會很擔心在酒吧中能不能吃到一頓正餐。不過只要去過一次，你就會發現不但意外輕鬆，可能還會上癮。

不過還是建議要先有心理準備，畢竟只有在少數幾種情況下，才適合在酒吧吃晚餐。

比如說，你已經在自己想去的和食店吃了很飽的一頓午餐，到了晚上還沒有餓意，儘管如此，難得來到京都旅遊，不吃晚餐好像又太可惜，這個時候就很適合去酒吧吃晚餐，如果是一人旅行就更適合了。

過去的京都飯店已經改名為京都大倉飯店，我非常推薦飯店二樓的「BAR CHIPPENDALE」。

一般的飯店酒吧都開在地下室，光線相當陰暗，但是這家酒吧開在飯店的二樓，看得到外面的主要道路，氣氛很像是餐廳酒吧。

大多數人都是在晚餐後才去酒吧，所以稍晚的時間可能會很多人，稍早的時間反而很空曠，而且這家酒吧平日下午一點、週末與國定假日下午兩點就開始營業，在天還亮的時候就能來用餐了。

BAR CHIPPENDALE是酒吧，自然有吧檯座，不過如果有空位的話，坐窗邊也不錯，可以一邊欣賞傍晚的京都街道，提早吃一頓晚餐。

話雖如此，這裡畢竟還是酒吧，來時可以先點個雞尾酒、健力士生啤或香檳潤喉，悠哉放鬆一下。

店名中的「CHIPPENDALE」是取自英國的家具工匠戚本德，室內設計就是採取融合了洛可可與歐洲東洋的「戚本德風格」，既不會太莊嚴，又不會太輕佻，與這家酒吧的氛圍融為一體，所以來店的時候服裝也可以稍微輕便一些，不要太居家就好。

等喝到微醺，開始有些餓意的時候，就可以拿菜單點想吃的菜。如果想從酒吧常見的餐點開始，可以先點橄欖果拼盤或蔬菜棒沙拉這種負擔比較少的菜。

在飯店酒吧消費，吃的不只是食物，還有氣氛和周到的服務，所以價格並不便宜，吃的是一個感覺。

不過並非代表如果在酒吧一個人優雅吃晚餐，就必須有付出相對代價的心理準備，並沒有那麼嚴重。

下一杯酒改點威士忌，搭配生火腿、燻鮭魚、橄欖油沙丁魚等酒吧的基本餐點也未嘗不可，或者也可以點個三明治填飽飢腸。

飯店酒吧常見的總匯三明治應該最多人會點，如果想吃京都味，也可以點京都酒吧常見的炸牛排三明治。

京都堪稱是一個牛肉王國，炸牛排比炸豬排更普遍，想當然炸物三明治也是以牛肉為主。在酒吧點餐後難免都要等上一段時間，一邊把玩手中的玻璃杯悠哉消磨時間，也是在酒吧用餐的一點樂趣。

炸牛排三明治不但使用上等牛肉，份量也很夠，味道更有保證。在京都的一人晚餐以飯店酒吧為壓軸，也是不錯的選擇。

石塀小路 KAMIKURA——祇園町隱密餐廳中的奢侈時光

有一陣子很流行「犒賞自己」這句話，許多人都愛掛在嘴上，流行的時期與「單人客」的觀念逐漸普遍的時期重疊。

犒賞的對象不是別人，而是自己，其中的典型例子就是名牌包，換句話說，犒賞講難聽一點就是血拼而已，不過立下「犒賞自己」的名目，可以減輕一點自己的罪惡感。

雖然現在已經不是萬事從儉、奢侈大忌的年代，但是心中若浮現「自己一個人不該這麼奢侈」的念頭，多少還是會有點退縮，此時如果能說服自己「我已經這麼努力了，偶爾揮霍一下應該沒關係吧」，心情也會稍微輕鬆一些。

京都之旅也是同一個道理，結伴同行還不會有太深的罪惡感，如果一個人的旅行還吃得很高檔，總會覺得自己太揮霍，於是遲遲不敢走進熱門割烹店的大門。

如果當作是犒賞自己或許比較能釋懷，覺得「難得的京都之旅，偶爾揮霍一下，吃頓奢侈的晚餐應該不會遭到天譴吧」。

如果把每一天分類成「平常日」或「非常日」，本書中介紹的店家，幾乎都是屬於適合平常日的店，也是京都人平常會去的店，清一色是平價與能夠放鬆的店家，因為我同樣也覺得一人晚餐不宜過奢。但是京都之旅就某種意義上來說也算是「非常日」，偶爾也該奢侈一下。

在京都最能感受到京都味的就是石塀小路，這裡有家祕密的割烹店很適合一人晚餐，推薦各位來這裡度過極盡奢華的一夜。

石塀小路是連接高台寺與祇園下河原通的斜N字小路，路面鋪著石板，氣氛很恬靜，相當受到觀光客歡迎，一年四季的人潮絡繹不絕。

熱鬧的石塀小路在日落後會回歸寧靜，沿路店家的地燈籠微微映照著路面，滿溢京都風情。在石塀小路一角佇立了外觀簡潔俐落的「石塀小路

KAMIKURA」，想要犒賞自己的人，很適合來這家割烹店度過奢侈時光。

店如其名，這家壯觀的石牆屋有一半建在地底下。

掀開暖簾、拉開拉門後，室內很有京都味的簡約設計映入眼簾，而這裡的吧檯座讓人想稱之為白金貴賓寶座。在入座的瞬間，一人的奢侈晚餐於焉展開。

最晚前一天一定要訂位，不過只要訂好位，就算是第一次造訪的客人也不必感到拘束。KAMIKURA也是小型高檔日式旅館的合作餐廳，待客之道有一定水準，可以安心信任他們。

主廚推薦套餐有一萬五千日圓和兩萬日圓的兩種，無論是選哪一種一定都能心滿意足。

菜色會隨季節變化，所以我就不詳述了。恆常不變的是，他們的料理不但保有京都料理的傳統，時不時又有創意表現，沒有一道菜是多餘的，使用的器皿

很有京都味的石牆路上，有一家店靜靜佇立。

也頗有意境，既有味覺享受，又不乏視覺享受。

這裡還擺放了葡萄酒架，可見這家店的晚餐很適合搭配葡萄酒。在地鮮蔬、嚴選海鮮、稀有的京都肉，上桌的一道道菜都是以嚴選食材與純熟的廚藝烹調出的料理。就近看廚師烹調的模樣，隻手托著葡萄酒杯享用一個人的晚餐，不禁讓人陶醉在極盡奢華的料理之中。

千 HIRO——在正宗割烹店品嚐道地京都料理

現在的京都割烹界颳起一股歪風，一些主要割烹店竟然一位難求，而且還不是今天訂不到明天的位，而是訂不到三個月後、半年後的座位，再誇張一點的店一年後都已經客滿了，這種割烹店還不在少數。如果是歷史悠久、名聞遐邇的店家還情有可原，有些店明明才開張不到一個月，竟然就變成如此德性，真是令人嘖嘖稱奇。

歪風的形成原因，可能是因為曇花一現的「旋風美食」急速增加，或者社群網站大量普及。

京都有幾家熱門割烹，都是開給有閒有錢的富翁當作炫耀的工具。

炫耀到此一遊，炫耀吃了什麼美食，他們所消費的都是資淺新手做出來的割烹。如果是這種割烹店，就算客人不懂基本禮儀、對食物一竅不通，店家也會好聲好氣對待，所以過沒多久就能以「老主顧」自居。

如果是累積了長年經驗的師傅，看到客人粗神經塗了紅通通的美甲來吃割烹，一定會忍不住緊皺眉頭。那種部落客幫忙取綽號、在鏡頭前興高采烈擺pose拍照的年輕廚師，想當然料理肯定也不到火候，無法臨機應變、隨興發揮，所以只能以主廚推薦套餐矇混過關。這種以創意懷石料理之名，行扮家家酒之實的割烹，竟然需要等待半年之久才吃得到，京都的割烹料理界也因為這些旋風美食開始沙漠化了。

在這股歪風之中，「千HIRO」堪稱是一股清流。不管多受歡迎，也不管評等的時候獲得幾顆星，他們從來不好高騖遠，總是腳踏實地一心專注於正統的割烹。

從四条通與東大路的交叉口出發，沿著四条通往西行，右手邊有一條沒有名字的小路，右轉進小路中繼續前行，右手邊就會看到營業中的千HIRO。

千HIRO是這一任老闆創業開的店，他的前一代

店家位於一條很窄的路上，連車子也無法通行。

是知名割烹「千花」的創始者，在前一代過世後，由長男繼承千花，二男則新開了千HIRO。

一般來說，我對於店家老闆的經歷或血統毫無興趣，自然不會談到這些話題，但是這家店不同，如果不談前一代的故事，就沒辦法談千HIRO的料理。

千花的創始者是在京都的割烹與料亭之間劃下楚河漢界、將割烹提升到全新高度的先驅。

先不管這段歷史的來龍去脈，如果說奠定料亭料理的是「吉兆」，那麼割烹料理的先行者就是「千花」，這是公認的事實。

日本料理中最不可或缺的食材是魚類，而堪稱魚中至尊的是鯛魚，吉兆和千花的創始者都如此斷言，而且更挑明非兵庫縣明石的鯛魚不可，不管市場在哪、賣家是誰，他們為了找到當天最好的鯛魚而四處奔走。如此一來兩人必定常常狹路相逢，陷入激烈爭奪戰。在亦敵亦友的兩位前人守護之下，如今這一代的老闆也依然彼此激烈競爭。

話說回到千HIRO，割烹本來就是自由無拘的料理，千HIRO也謹慎遵循日本料理的傳統，不管什麼料理都美味得令人讚不絕口。特別是湯品味道富層次，令其他對手難以望其項背，好吃得沁人脾胃。而且他們的料理不是只有小巧一丁點而已，每道都份量十足，出菜時也迅速而俐落。津津有味品嚐美味的正統割烹，正是一人晚餐的最大樂趣。

CASANE——優雅獨享飯店法國菜

在一人晚餐的選項中，法國菜也屬於高難度的領域。這是因為所有人都先入為主認為法式晚餐不適合一個人吃，但是照理說餐廳應該不會把客人拒之門外。

儘管如此，法式午餐倒還好說，一個人吃一頓新潮的法式晚餐還真需要一些勇氣，首先令人介意的就是周遭的目光。

一般來說法式料理的晚餐時段，來店的幾乎都是情侶檔，雙手拿著金屬刀叉，連連歡聲笑語，談話之餘小啜幾口一邊用餐，彷彿這樣吃才算是法式料理。

在這群人之中，如果一個人形單影隻沒有聊天對象，只是沉默地使用自己的刀叉，在別人眼中看來難免淒涼。

話雖如此，這種情況似乎也只發生在日本，法國的紳士淑女獨自享用晚餐相當稀鬆平常。特別是在飯店中的法式餐廳，還可以看到一些美食家一個人優雅地品嚐晚餐。

沒錯，就在飯店中。如果是飯店中的法式餐廳，一個人吃飯照理說也不足為奇。

希望有一家餐廳，料理本身很正宗而不過度隆重，氣氛很輕鬆，還能看到外面的風景，這樣的法式餐廳就很適合一個人的晚餐。

走出京都車站中央出口後右轉，穿過建築物之間直直往前走，就會看到紅磚牆的飯店「KYOTO CENTURY HOTEL」。

這家飯店近年重新裝潢，不只提供住宿，進駐的餐廳也相當多，日本料理「嵐亭」有吧檯座，讓人能輕鬆享用和食，自助餐「La Jyho」打通了天花板，讓人在寬敞的空間中享用精緻的自助餐料理，而且兩家店都非常歡迎獨食客，我已經多次造訪，可以打包票保證沒問題。

然後這家飯店開了一家初夏到初秋限定的露天餐廳。

在名為「露天星空」的開放空間中，享受類似啤酒花園的葡萄酒花園氣氛。這裡也很適合一人晚餐，而且還有很多女性優惠方案。

而「CASANE」是這家飯店的主要餐廳，所以即使是一個人也能毫無顧慮，享用一頓優雅的法式大餐。

店名「CASANE」多半是象徵京都平安時代傳承下來的「襲（KASANE）的配色」。

與店名相得益彰的一道菜名為「有機蔬菜與京都在地蔬菜寶盒」，以綠色為底色，配上五彩繽紛的各種蔬菜滿滿一盤，簡直是法國廚神米修・布拉斯（Michel Bras）招牌菜「溫沙拉」的京都變奏。如果從這一道菜開始品嚐，一人的法式晚餐一定也會進行得非常順利。

我推薦以葡萄酒搭配這裡的料理，推薦各位參考「杯裝飲料喝到飽」的消費方案，五千日圓的A等級方案可以喝到香檳等十八種酒，兩千九百日圓

的B等級方案有十幾種酒，兩個方案都是上等葡萄酒喝到飽。（本消費方案已於二〇一六年底結束）

這家店的特色料理「CASANE特製馬賽魚湯」可以點小份的，對於獨自來吃晚餐的客人是個好消息。這裡的甜品也頗受好評，在品嚐兩道菜之後，來一份甜品也不錯。

來到CASANE可以不時眺望窗外，優雅享受屬於一個人隨興單點的晚餐。

「京都在地蔬菜寶盒」太精美，令人捨不得動刀叉。

譯註

1 在住家建地內的小型庭園。

2 在壽司店入座並點完酒、開始喝酒的時候，主廚會直接詢問客人是否需要準備下酒菜，或者要直接點壽司，這裡的下酒菜通常都是簡單的一些生魚片，稱為「小生魚片（つまみ）」。如果不需要，就可以直接開始點握壽司。

3 即「壽司」。

4 原句為：かにかくに 祇園はこひし寝るときも 枕のしたを水のながるる。

5 KASANE與「重疊」同音，原文為「襲の色目」，指的是層層疊疊的傳統衣裳配色，其中最具代表性的就是平安時代的「十二單」，會根據四季變化選用合時合宜的顏色。

京都市內簡圖
北山
北山通
松崎
367
小山
賀茂
今宮神社
京都府立大學
賀茂川
下鴨
高野
大德寺
北大路
367
北大路通
一乘寺
紫野
下鴨神社
高野川
茶山
鞍馬口
上御靈神社
光明寺
河合神社
叡山電鐵叡山本線
田中
石像寺
相國寺
元田中
出町柳
京都大學
今出川通
今出川
知恩寺(百萬遍)
智慧光院
晴明神社
吉田神社
京都御所
烏丸通
東大路通
吉田
上京區
京都府廳
京都御苑
大宮御所
聖護院
丸太町通
神宮丸太町
平安神宮
丸太町
下御靈神社
河原町通
鴨川
京阪鴨東線
岡崎
堀川通
二条城
367
二条
二条城前
京都市役所
烏丸御池
御池通
南禪寺
嵯峨野線(山陰本線)
地下鐵東西線
京都市役所前
三条京阪
中京區
本能寺
三条
東山
地下鐵烏丸線
祇園四条
辰巳大明神
知恩院
錦市場
巽橋
大宮
四条通
烏丸
圓山公園
京福嵐山本線
四条大宮
阪急京都線
四条
神明神社
河原町
祇園
八坂神社
壬生
建仁寺
高台寺
烏丸通
六道珍皇寺
八坂塔
9
五条
五条通
六波羅蜜寺
1
高瀨川
清水五条
大黑町
清水寺
丹波口
西本願寺
東本願寺
豐國神社
朱雀
1
24
1
七条通
七条
三十三間堂
智積院
琵琶湖線(東海道本線)
京都
京都
東山區
24
奈良線
大宮通
八条
油小路通
東九条
東海道新幹線
今熊野
教王護國寺(東寺)
萬壽寺
東寺
東福寺
九条通
九条
泉涌寺
泉涌寺
171
1
近鐵京都線
京阪本線
南區市役所
東福寺
十条
地下鐵烏丸線

A
推薦餐廳
1 IN THE GREEN
2 鮨 KAWANO
3 串揚 toshico
4 山家
5 烏龍麵屋 BONO
40
北山
地下鐵烏丸線
下鴨本通北山
IN THE GREEN
賀茂
府立植物園
北泉通
下鴨
疏水分流
京都府立大學
鮨 KAWANO
串揚 toshico
下鴨本通北大路
接地圖B
367
北大路通
山家
下鴨本通
加茂街道
烏龍麵屋 BONO
下鴨神社
賀茂川
天寧寺
鞍馬口町
下鴨東通
糺之森
高野川
河合神社
出雲路
御蔭橋
光明寺

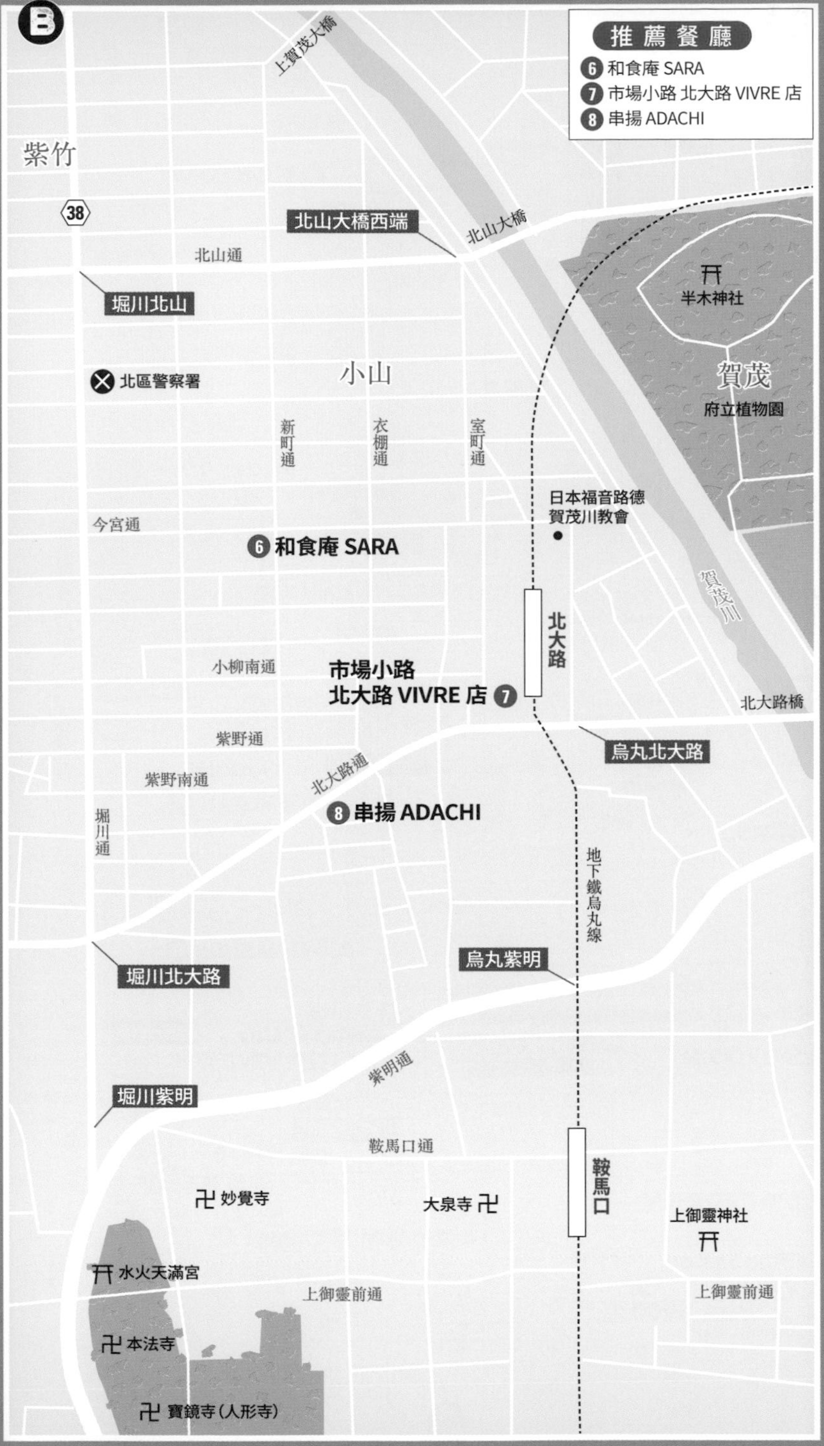
B
推薦餐廳
6 和食庵 SARA
7 市場小路 北大路 VIVRE 店
8 串揚 ADACHI
上賀茂大橋
紫竹
38
北山大橋西端
北山大橋
北山通
堀川北山
半木神社
賀茂
府立植物園
小山
北區警察署
新町通
衣棚通
室町通
日本福音路德
賀茂川教會
今宮通
6 和食庵 SARA
賀茂川
北大路
小柳南通
市場小路
北大路 VIVRE 店 7
北大路橋
紫野通
烏丸北大路
紫野南通
北大路通
8 串揚 ADACHI
堀川通
地下鐵烏丸線
烏丸紫明
堀川北大路
紫明通
堀川紫明
鞍馬口通
鞍馬口
妙覺寺
大泉寺
上御靈神社
水火天滿宮
上御靈前通
上御靈前通
本法寺
寶鏡寺(人形寺)

C
推薦餐廳
9 割烹 HARADA
10 二條 葵月
11 BAR CHIPPENDALE
12 China Cafe 柳華
13 Apollo+
14 杏子
15 串勝 KOPAN
16 先斗町 MASUDA
17 Ittetsu Grazie
18 Bistro WARAKU 四条柳馬場店
19 京極 STAND
20 花遊小路 江戸川
21 釜飯 月村
22 天壇 祇園本店
23 蛸長
24 Bistro SUMIRE chinese
25 奇天屋
26 和食晴
27 HIGO 久
河原町丸太町
神宮丸太町
下御靈神社
9 割烹 HARADA
竹屋町通
革堂（行願寺）
夷川通
河原町通
The Ritz-Carlton Kyoto
二条通
10 二條 葵月
東洞院通
間之町通
高倉通
堺町通
寺町通
日本銀行
押小路通
BAR CHIPPENDALE
京都市役所
11
柳馬場通
富小路通
麩屋町通
御幸町通
河原町御池
京都大倉飯店
京阪鴨東線
御池通
京都市役所前
鴨川
Hotel Gimmond Kyoto
本能寺
京都皇家飯店及水療中心
姉小路通
接地圖D
三条大橋
China Cafe 柳華
天性寺
矢田寺
杏子 14
三条大橋
三条
三条通
12
河原町三条
13 Apollo+
京劇會館
富小路通
麩屋町通
30 東洞院 SOU
六角通
新京極通
串勝 KOPAN 15
裏寺町通
河原町通
高瀬川
木屋町通
先斗町通
蛸薬師通
永福寺（蛸薬師寺）
繩手通
先斗町 MASUDA 16
錦市場
錦小路通
錦天滿宮
四条大橋
17 Ittetsu Grazie
18 Bistro WARAKU 四条柳馬場店
寺町通
19 京極 STAND
20 花遊小路 江戸川
四条通
烏丸
阪急京都線
河原町
四条河原町
祇園四条
南座
神明神社
高倉通
堺町通
柳馬場通
釜飯 月村 21
天壇 祇園本店 22
和食晴 26 25 奇天屋
團栗橋
23 蛸長
大和大路通
Bistro SUMIRE chinese 24
Saffron Saffron
佛光寺通
32
佛光寺
27 HIGO 久
富小路通
麩屋町通
御幸町通
寺町通
32
木屋町通
川端通
宮川町通
高瀬川
高辻通
東洞院通
高倉通
恵美須神社
接地圖F

D
推薦餐廳
28 GYOZA OHSHO 烏丸御池店
29 京燒肉 嘻姜
30 東洞院 SOU
31 中國料理 桃李
32 Saffron Saffron
33 廣島鐵板 叶夢
34 星鰻料理 大金
竹屋町通
夷川通
東堀川通
油小路通
小川通
西洞院通
釜座通
新町通
衣棚通
二条通
室町通
兩替町通
烏丸通
車屋町通
東洞院通
間之町通
全日空皇冠廣場飯店
押小路通
367
烏丸御池
二条城前
地下鐵東西線
御池通
堀川御池
GYOZA OHSHO 烏丸御池店 28
京都花園飯店
堀川通
烏丸御池
西洞院通
京燒肉 嘻姜 29
三条通
三井花園飯店 京都三条
池坊會館
30 東洞院 SOU
京都蒙特利酒店
六角堂 (頂法寺)
六角通
京都遞信醫院
蛸藥師通
地下鐵烏丸線
Via Inn 京都四条室町
京都藝術中心
錦小路通
38
Hotel Mystays 京都四条
烏丸
四条通
四条堀川
Court Hotel 京都四条
四条烏丸
四条
神明神社
綾小路通
黑門通
豬熊通
岩上通
醒井通
油小路通
中國料理 桃李 31
烏丸京都飯店
佛光寺通
32 Saffron Saffron
東中筋通
菅大臣神社
下京署
室町通
高辻通
烏丸通
烏丸高辻
星鰻料理 大金 34
平等寺 (因幡藥師)
松原通
廣島鐵板 叶夢 33
五條天神宮
新玉津嶋神社
西洞院通
若宮通
新町通
小田原町通
不明門通
東洞院通
萬壽寺通
接地圖 F

E
推薦餐廳
35 聖護院 嵐 MARU
36 琢磨 祇園白川店
37 千 HIRO
38 石塀小路 KAMIKURA
39 洋食店 MISHINA
神宮丸太町
聖護院
丸太町通
東山丸太町
35
聖護院 嵐 MARU
京阪鴨東線
平安神宮
鴨川
岡崎公園
東山二条
The Ritz-Carlton Kyoto
二条通
京都市美術館
143
Masuya 旅館
東山三条
地下鐵東西線
接地圖 C
三条京阪
東山
三条大橋
三条
三条大橋
15 串勝 KOPAN
花見小路通
東大路通
木屋町通
先斗町通
縄手通
辰巳大明神
16 先斗町 MASUDA
巽橋
知恩院
36
琢磨 祇園白川店
圓山公園
高瀬川
四条大橋
37
千 HIRO
八坂神社
四条通
祇園四条
南座
祇園
祈園
長樂館
22 天壇 祇園本店
23 蛸長
團栗橋
大和大路通
祇園甲部歌舞練場
石塀小路 KAMIKURA
建仁寺
38
圓德院
高台寺
宮川町通
惠美須神社
安井金比羅宮
金比羅繪馬館
靈山護國神社
八坂通
八坂塔
六道珍皇寺
39 洋食店 MISHINA
六波羅蜜寺
松原通
東山區役所

F
推薦餐廳
40 西洋酒樓 六崛
41 七番館
42 MANZARA 亭 烏丸七条
43 和・NICHI
44 CASANE
45 京 DINING 八条
46 燕 en
47 京的燒肉處弘 八条口店
48 雞匠 FUKU 井
堀川五条
烏丸五条
五条通
楊梅通
西洞院通
若宮通
新町通
室町通
諏訪町通
五条
緑風莊
六条通
西洋酒樓 六崛
舊花屋町通
不明門通
東洞院通
高倉通
洛兆
東本願寺
涉成園 (枳殼邸)
興正寺
七条通
MANZARA 亭 烏丸七条
七番館
七条堀川
河原町七条
大和 Roynet Hotel 京都站前店
銀閣
和・NICHI
京都新阪急飯店
下京區役所
京都塔
鹽小路通
道祖神社
不動堂明王院
HATOYA 瑞鳳閣
京都
CASANE
KYOTO CENTURY HOTEL
京都麗嘉皇家酒店
伊勢丹
京 都
奈良線
東海道新幹線
京 DINING 八条
新・都酒店
地下鐵烏丸線
京阪京都格蘭德飯店
油小路通
東九条
燕 en
近鐵京都線
東寺通
雞匠 FUKU 井
京的燒肉處弘 八条口店
大和 Roynet Hotel 京都八条口
新町通
室町通
河原町通
東寺
京都第一飯店
九条通
九条
九条油小路
九条河原町
1
38
367
24
115
143

G
推薦餐廳
49 牛排 SUKEROKU
50 神馬
北大路通
181
千本北大路
金閣寺前
紫野
船岡山公園
31
鞍馬口通
敷地神社(藁天神)
千本鞍馬口
49 牛排 SUKEROKU
寺之內通
藁天神前
千本寺之內
千本通
紙屋川
西陣醫院
石像寺
平野神社
上立賣通
文子天滿宮
大報恩寺
(千本釋迦堂)
五辻通
北野天滿宮
上善寺
西大路通
梅苑
今出川通
千本今出川
中筋通
上七軒
元誓願寺通
101
今小路通
笹屋町通
上京區警察署
嵐電北野線
北野白梅町
大將軍八神社
一条通
地藏院(椿寺)
成願寺
百鬼夜行資料館
西正寺
(愛染明王)
立本寺
神馬 50
中立賣通
仁和寺街道
安樂寺天滿宮
天神通
御前通
下之森通
七本松通
六軒町通

本書介紹的店家清單

※ 店家營業時間可能會調整，建議事前先詢問清楚。
※ 地鐵與公車站可能不只有一個，敬請見諒。
※ 地圖以區域劃分，附在本書 P233～240。

第一章　悠閒品嚐京都味

燕 en

〒 601-8003 京都府京都市南区東九条西山王町 15-2
電話：075-691-8155
營業時間：17：30～23：00
公休日：週日，若週日為國定假日則休隔天的週一
JR「京都站」步行 4 分鐘　地圖 F46

西洋酒樓 六﨑

〒 600-8336 京都府京都市下京区堀川通六条下る元日町 5
電話：075-354-8117
營業時間：11：30～14：30（最後點餐）
18：00～20：30（最後點餐）
公休日：週三、第二與第四個週四
地下鐵烏丸線「五条站」步行 9 分鐘　地圖 F40

先斗町 MASUDA（先斗町ますだ）

〒 604-8016 京都府京都市中京区先斗町
四条上る下樵木町 200
電話：075-221-6816
營業時間：17：00～22：00（最後點餐 21：30）
公休日：週日
京坂本線「祇園四条站」步行 4 分鐘　地圖 C16 E16

串勝 KOPAN（串かつ こぱん）

〒 604-8017 京都府京都市中京区木屋町
三条下る材木町 180-11F
電話：075-223-5678
營業時間：17：30～23：00（最後點餐 22：30）
公休日：不定
地下鐵東西線「三条站」步行 5 分鐘　地圖 C15 E15

天壇 祇園本店

〒 605-0801 京都府京都市東山区宮川筋 1 丁目 225
電話：075-551-4129
營業時間：
平日 17：00～24：00（最後點餐 23：30）
週末與國定假日 11：30～24：00（最後點餐 23：30）
公休日：無休
京坂本線「祇園四条站」
步行 1 分鐘　地圖 C22 E22

京燒肉 嘻姜（京焼肉 嘻姜）

〒 604-8166 京都府京都市中京区三条通烏丸西入
る御倉町 79 文椿ビルヂング 1F-2F
電話：075-222-2929
營業時間：
11：30～14：30
（最後點餐 14：00。國定假日 15：00 休息，最後點餐 14：30）
17：30～23：00（最後點餐 22：30）
公休日：週三
地下鐵烏丸線、
東西線「烏丸御池站」步行 3 分鐘　地圖 D29

GYOZA OHSHO 烏丸御池店

〒 604-8176 京都府京都市中京区両替町通姉小路上る龍池町 430
電話：075-251-0177
營業時間：
週一～週六 11：00～24：00（最後點餐 23：30）／ 週日與國定假日 11：00～22：00（最後點餐 21：30）
公休日：無休
地下鐵烏丸線、東西線「烏丸御池站」步行 1 分鐘　地圖 D28

和・NICHI（和・にち）

〒 600-8216 京都府京都市下京区東塩小路町 600-2
電話：075-200-6312
營業時間：
11：30 ～ 14：00（最後點餐 13：30）
17：00 ～ 21：30（最後點餐 21：00）
公休日：週日（國定假日不定）
JR「京都站」步行 5 分鐘　地圖 F43

京的焼肉處弘 八条口店（京の焼肉処弘 八条口店）

〒 601-8011 京都府京都市南区竹田街道東寺道下る
電話：075-662-1129
營業時間：17：00 ～ 24：00（最後點餐 23：00）
公休日：無休
JR「京都站」步行 5 分鐘　地圖 F47

京 DINING 八条（京ダイニング八条）

〒 600-8214 京都府京都市下京区東塩小路高倉町 8-3
JR 京都駅構内アスティロードレストラン街 1F
電話：075-661-8548
營業時間：11：00 ～ 23：00（最後點餐 22：00）
公休日：無休
JR「京都站」八条東出口附近　地圖 F45

東洞院 SOU

〒 604-8212 京都府京都市中京区
三文字町 225 朝陽ビル 1F
電話：075-212-3711
營業時間：11：30 ～ 14：00、17：30 ～ 24：00
公休日：不定
地下鐵烏丸線、
東西線「烏丸御池站」步行 3 分鐘　地圖 C30 D30

杏子（杏っ子）

〒 604-8005 京都府京都市中京区
恵比須町 442-1 ル・シゼームビル 2F
電話：075-211-3801
營業時間：
週二～週六 18：30 ～ 23：30（最後點餐 23：00）
國定假日 18：00 ～ 23：00（最後點餐 22：30）
公休日：週一，另有不定期公休
地下鐵東西線
「京都市役所前站」步行 3 分鐘　地圖 C14

釜飯 月村（釜めし 月村）

〒 600-8019 京都府京都市下京区西木屋町
四条下る船頭町 198
電話：075-351-5306
營業時間：17：00 ～ 20：30（最後點餐時間）
公休日：週一、每月其中一天的週二
阪急京都本線
「河原町站」步行 3 分鐘　地圖 C21

雞匠 FUKU 井（とり匠ふく井）

〒 601-8048 京都府京都市南区
東九条中殿田町 11 番地 7
電話：075-662-0291
營業時間：17：30 ～ 2：00（最後點餐 1：00）
公休日：無休
JR「京都站」步行 5 分鐘　地圖 F48

星鰻料理 大金（あなご料理 大金）

〒 600-8465 京都府京都市下京区高辻西洞院町 801-5
電話：075-778-1688
營業時間：11：30 ～ 14：00、18：00 ～ 23：00
公休日：週日
地下鐵烏丸線「四条站」步行 5 分鐘　地圖 D34

二條 葵月

〒 604-0951 京都府京都市中京区二条通柳馬場東入る
晴明町 659 ヴァインオーク FINE 1F

電話：075-708-2202

營業時間：
12：00 ～ 14：30（最後入店 13：30）
17：00 ～ 22：00（最後入店 21：00）

公休日：週日

地下鐵烏丸線、東西線
「烏丸御池站」步行 7 分鐘　地圖 C10

七番館

〒 600-8211 京都府京都市下京区七条通
烏丸東入る真苧屋町 210

電話：075-371-7321

營業時間：
11：00 ～ 14：00
17：00 ～ 22：00（最後點餐 21：00）

公休日：週日

JR「京都站」步行 5 分鐘　地圖 F41

市場小路 北大路 VIVRE 店
（市場小路 北大路ビブレ店）

〒 603-8142 京都府京都市北区小山上総町 49-1

電話：075-494-6611

營業時間：11：00 ～ 22：30（最後點餐 21：30）

公休日：無休

地下鐵烏丸線「北大路站」步行 1 分鐘　地圖 B7

廣島鐵板 叶夢 （広島鉄板 叶夢）

〒 600-8427 京都府京都市下京区烏丸通
松原西入 玉津島町 315

電話：075-343-3555

營業時間：
11：00 ～ 14：30（最後點餐 14：00）
17：00 ～ 23：00（最後點餐 22：30）

公休日：週日與國定假日不提供午餐

地下鐵烏丸線「四条站」步行 6 分鐘　地圖 D33

China Cafe 柳華

〒 604-8083 京都府京都市中京区三条通
柳馬場東入る中之町 6 1F

電話：075-255-3633

營業時間：
11：30 ～～ 22：30（最後點餐 22：00）
平日的 15：00 ～ 17：30 休息

公休日：週一，若週一為國定假日則休週二

地下鐵烏丸線、東西線
「烏丸御池站」步行 6 分鐘　地圖 C12

奇天屋

〒 600-8092 京都府京都市下京区
綾小路高倉西入る神明町 230-9

電話：075-365-9108

營業時間：12：00 ～ 14：00
18：00 ～ 24：00

公休日：週日，另有不定期店休

地下鐵烏丸線「四条站」步行 3 分鐘　地圖 C25

山家

〒 606-0826 京都府京都市左京区下鴨西本町 7-3
電話：075-722-0776
營業時間：17：30 ～ 23：30（最後點餐 23：00）
公休日：週四
地下鐵烏丸線「北大路站」步行 11 分鐘　地圖 A4

串揚 ADACHI（串あげ あだち）

〒 603-8162 京都府京都市北区
小山東大野町 39 足立ビル 1F
電話：075-411-1100
營業時間：17：30 ～ 22：00（最後點餐 21：30）
公休日：週四
地下鐵烏丸線「北大路站」步行 5 分鐘　地圖 B8

和食庵 SARA（和食庵さら）

〒 603-8172 京都府京都市北区小山初音町 9
電話：075-496-1155
營業時間：
12：00 ～ 14：00、17：30 ～ 21：00（最終入店時間）
公休日：週一，若逢國定假日則休週二
地下鐵烏丸線「北大路站」步行 5 分鐘　地圖 B6

烏龍麵屋 BONO（うどんや ぼの）

〒 606-0816 京都府京都市左京区下鴨松ノ木町 59
電話：075-202-5165
營業時間：11：00 ～ 14：30
17：30 ～ 21：00
公休日：週四、每月第一與第三個週三
市公車「下鴨神社前站」步行 2 分鐘　地圖 A5

聖護院 嵐 MARU（聖護院 嵐まる）

〒 606-8392 京都府京都市左京区聖護院山王町 28-58
電話：075-761-7738
營業時間：
週二～週六 17：30 ～ 02：30
週日與國定假日 17：30 ～ 00：30（最後點餐）
公休日：週一
京阪本線「神宮丸太町站」步行 8 分鐘　地圖 E35

牛排 SUKEROKU（ビフテキ スケロク）

〒 603-8374 京都府京都市北区衣笠高橋町 1-26
電話：075-461-6789
營業時間：11：30 ～ 14：00
17：30 ～ 20：30（最後點餐 20：00）
公休日：週四
市公車「藁天神前站」步行 3 分鐘　地圖 G49

神馬

〒 602-8286 京都府京都市上京区千本通
中立売上る西側玉屋町 38
電話：075-461-3635
營業時間：17：00 ～ 21：30
公休日：週日、國定假日的週一
市公車「千本中立賣站」步行 1 分鐘　地圖 G50

串揚 toshico（串揚げ toshico）

〒 606-0862 京都府京都市左京区下鴨本町 11-1
電話：075-724-1045
營業時間：17：00 ～ 22：00（最後入店）
公休日：週四
地下鐵烏丸線「北山站」步行 12 分鐘　地圖 A3

IN THE GREEN（インザ グリーン）

〒 606-0823 京都府京都市左京区下鴨半木町府立植物園北門横
電話：075-706-8740
營業時間：11：00 ～ 15：00、17：00 ～ 23：00（最後點餐 22：00）
公休日：無休
地下鐵烏丸線「北山站」步行 1 分鐘　地圖 A1

Saffron Saffron（サフラン サフラン）

〒 600-8096 京都府京都市下京区東洞院通
仏光寺東南角高橋町 605

電話：075-351-3292

營業時間：
11：30 ～ 15：00（最後點餐 14：00）
17：30 ～ 22：30（最後點餐 21：30）
週日與國定假日的晚餐
17：30 ～ 22：00（最後點餐 21：00）

公休日：週二、每月第一個週一

地下鐵烏丸線「四条站」步行 2 分鐘　地圖 C32 D32

Bistro WARAKU 四条柳馬場店

〒 604-0091 京都府京都市中京区柳馬場
四条上る瀬戸屋町 470-2 錦柳ビル 1F

電話：075-212-9896

營業時間：12：00 ～ 15：00
15：00 ～ 24：00（最後點餐 23：30）

公休日：無休

地下鐵烏丸線「四条站」步行 5 分鐘　地圖 C18

Ittetsu Grazie

〒 604-8124 京都府京都市中京区
帯屋町 571 さたけビル 1F

電話：075-257-7844

營業時間：
11：30 ～ 14：30（最後點餐時間）
17：00 ～ 24：00（最後點餐 23：30）

公休日：不定

地下鐵烏丸線「四条站」步行 5 分鐘　地圖 C17

Apollo$^+$（アポロプラス）

〒 604-8111 京都府京都市中京区三条堺町
東入る桝屋町 67NEOD 三条 2F、3F

電話：075-253-6605

營業時間：17：00 ～ 24：00

公休日：無休

地下鐵烏丸線、東西線
「烏丸御池站」步行 5 分鐘　地圖 C13

京極 STAND（京極スタンド）

〒 604-8042 京都府京都市中京区新京極通
四条上る中之町 546

電話：075-221-4156

營業時間：12：00 ～ 21：00（最後點餐 20：40）

公休日：週二

阪急京都線「河原町站」步行 2 分鐘　地圖 C19

MANZARA 亭 烏丸七条
（まんざら亭 烏丸七条）

〒 600-8217 京都府京都市下京区七条烏丸
西入東境町 179

電話：075-353-4699

營業時間：17：00 ～ 24：00

公休日：無休

JR「京都站」步行 5 分鐘　地圖 F42

Bistro SUMIRE chinese（ビストロ スミレ チャイニーズ）

〒 600-8012 京都府京都市下京区斉藤町 138

電話：075-342-2208

營業時間：17：00 ～ 24：00（最後點餐 23：30）

公休日：週一、每月第二與第四個週二

京阪本線「祇園四条站」步行 3 分鐘　地圖 C24

HIGO 久（ひご久）

〒 600-8074 京都府京都市下京区
仏光寺柳馬場西入東前町 402
電話：075-353-6306
營業時間：18：00 ～ 22：00
公休日：週日
地下鐵烏丸線「四条站」步行 5 分鐘　地圖 C27

花遊小路 江戶川

〒 604-8042 京都府京都市中京区
新京極四条上る中之町 565
電話：075-221-1550
營業時間：
11：00 ～ 14：00
17：00 ～ 21：00（最後入店 20：00）
公休日：無休
阪急京都線「河原町站」步行 3 分鐘　地圖 C20

鮨 KAWANO（鮨かわの）

〒 606-0824 京都府京都市左京区下鴨東半木町 72-8
電話：075-701-4867
營業時間：12：00 ～ 14：00
17：00 ～ 22：00
公休日：週一、週二午餐不營業
地下鐵烏丸線「北大路站」
步行 10 分鐘　地圖 A2

和食晴（和食晴ル）

〒 600-8092 京都府京都市下京区神明町 230-2
電話：075-351-1881
營業時間：
週二～週五 17：00 ～ 23：00
週末 16：00 ～ 23：00
公休日：週一
地下鐵烏丸線「四条站」步行 3 分鐘　地圖 C26

洋食店 MISHINA（洋食の店 みしな）

〒 605-0826 京都府京都市東山区高台寺
南門通下河原東入桝屋町 357
電話：075-551-5561
營業時間：
12：00 ～ 14：30（最後點餐）
夜晚屬於完全預約制
公休日：週三、每月第一與第三個週四
（若逢國定假日則休隔天）
京阪本線「祇園四条站」步行 13 分鐘　地圖 E39

中國料理 桃李（中国料理 桃李）

〒 600-8412 京都府京都市下京区烏丸通
四条下る からすま京都ホテル
電話：075-371-0141
營業時間：
平日 11：30 ～ 14：30、17：30 ～ 21：00
週末、國定假日午餐分兩個時段
11：00 ～ 13：00、13：30 ～ 15：30
公休日：無休
地下鐵烏丸線「四条站」步行 3 分鐘　地圖 D31

割烹 HARADA（割烹はらだ）

〒 604-0907 京都府京都市中京区河原町通
竹屋町上る西側大文字町 239
電話：075-213-5890
營業時間：17：30 ～ 21：00（最後入店時間）
公休日：週一，不定期休
京阪鴨東線「神宮丸太町站」
步行 5 分鐘　地圖 C9

琢磨 祇園白川店（琢磨 ぎおん白川店）

〒 605-0079 京都府京都市縄手通
四条上る 2 筋目東入る末吉町 78-3
電話：075-525-8187
營業時間：
11：30 ～ 14：00（最後點餐 13：30）
17：00 ～ 23：00（最後點餐 21：00）
週末與國定假日分
17：00 ～ 19：30、19：45 ～ 21：00（最後點餐）兩場
公休日：無休
京阪本線「祇園四条站」步行 5 分鐘　地圖 E36

蛸長

〒 605-0801 京都府京都市東山区
宮川筋 1 丁目 237

電話：075-525-0170

營業時間：18：00～22：00

公休日：週三

京阪本線「祇園四条站」
步行 5 分鐘

地圖 C23 E23

BAR CHIPPENDALE
（バー チッペンデール）

〒 604-8558 京都府京都市中京区河原町二条南入る
一之船入町 53 京都ホテルオークラ

電話：075-254-2541

營業時間：
平日 13：00～24：00
週末與國定假日 14：00～24：00
酒吧 16：45 營業

公休日：無休

地下鐵東西線「京都市役所前站」出口直通

地圖 C11

石塀小路 KAMIKURA（石塀小路 かみくら）

〒 605-0825 京都府京都市東山区下河原町 463-12

電話：075-748-1841

營業時間：18：00～23：00（最後點餐 21：00）

公休日：不定期休，必須事前訂位

京阪本線「祇園四条站」
步行 10 分鐘

地圖 E38

千 HIRO（千ひろ）

〒 605-0073 京都府京都市東山区祇園町北側 279-8

電話：075-561-6790

營業時間：
12：00～13：00（限訂位）
17：00～20：30（最後點餐）

公休日：週一

京阪本線「祇園四条站」步行 5 分鐘

地圖 E37

CASANE（カサネ）

〒 600-8216 京都府京都市下京区東塩小路町 680 京都センチュリーホテル

電話：075-351-0085

營業時間：11：30～14：30、17：30～20：00

公休日：無休

JR「京都站」步行 2 分鐘

地圖 F44

生活文化54

一個人的京都晚餐：在地京都人真愛50味

作　者—柏井壽
譯　者—陳幼雯
地圖繪製—DEMANDO
封面暨內頁設計—江孟達工作室
內頁排版—極翔企業有限公司
主　編—林芳如、李麗玲
責任企劃—金多誠、潘彥捷
總 編 輯—曾文娟
董 事 長—趙政岷
出 版 者—時報文化出版企業股份有限公司
一〇八〇一九台北市和平西路三段二四〇號七樓
發行專線—（〇二）二三〇六—六八四二
讀者服務專線—〇八〇〇—二三一—七〇五
（〇二）二三〇四—七一〇三
讀者服務傳真—（〇二）二三〇四—六八五八
郵撥—一九三四四七二四時報文化出版公司
信箱—一〇八九九臺北華江橋郵局第九九信箱
時報悅讀網—http://www.readingtimes.com.tw
電子郵件信箱—ctliving@readingtimes.com.tw
時報出版臉書—https://www.facebook.com/ readingtimes.fans
法律顧問—理律法律事務所　陳長文律師、李念祖律師
印　刷—和楹印刷有限公司
初版一刷—二〇一八年四月二十日
初版二刷—二〇二三年十月三日
定　價—新台幣三六〇元
（缺頁或破損的書，請寄回更換）

時報文化出版公司成立於一九七五年，
一九九九年股票上櫃公開發行，二〇〇八年脫離中時集團非屬旺中，
以「尊重智慧與創意的文化事業」為信念。

一個人的京都晚餐：在地京都人真愛50味 / 柏井壽著. -- 初版. -- 臺北市 : 時報文化, 2018.04
面； 公分. --(生活文化 ; 54)
譯自 : おひとり京都の晩ごはん : 地元民が愛する本当に旨い店50

ISBN 978-957-13-7368-3(平裝)

1.餐廳 2.餐飲業 3.日本京都市

483.8　　107004187

ISBN 978-957-13-7368-3
Printed in Taiwan